装修设计师修炼宝典

装修设计师
谈单签单

歆静　等编著

U0240856

机械工业出版社
CHINA MACHINE PRESS

本书系统讲述了装修设计师在与客户沟通过程中的方法与技巧，促使装修设计师能充分发挥自己的专业技能，表述设计方案与创意，获取装修客户的信任，最终签订装修合同并开展施工。本书深入分析并引领设计师了解装修客户的心理动态，在设计中销售装修，在装修中销售服务，是一本全新的装修营销宝典。本书适合装修设计师、客服专员、项目经理等装修从业人员阅读，也是即将步入工作岗位的设计专业的学生必备的参考读物。

图书在版编目（CIP）数据

装修设计师谈单签单一课通 / 欹静等编著. —北京：机械工业出版社，2017.7 （2023.1 重印）

（装修设计师修炼宝典）

ISBN 978-7-111-57241-1

Ⅰ. ①装… Ⅱ. ①欹… Ⅲ. ①建筑装饰—销售—方法 Ⅳ. ①TU238 ②F713.3

中国版本图书馆CIP数据核字（2017）第146780号

机械工业出版社（北京市百万庄大街22号　邮政编码100037）
策划编辑：宋晓磊　责任编辑：宋晓磊　於　薇
责任校对：刘小颖　封面设计：鞠　杨
责任印制：孙　炜
北京联兴盛业印刷股份有限公司印刷
2023年1月第1版第6次印刷
140mm×203mm·4.75印张·97千字
标准书号：ISBN 978-7-111-57241-1
定价：35.00元

目前，装修设计与绘图对于设计师而言，已经不存在任何问题，设计师在广阔的家装市场中最需要获取的是业务。然而，每位客户都有自己的装修主见，设计师逐渐成为客户的绘图工具。为了提升设计师的存在价值，获取客户信任，设计师们最需要掌握的是谈判技巧与表述能力，这对长期学习研究设计绘图技能的设计师来说，是较欠缺的，也是必要的技能。

因此，本书针对营销型设计师必须面对的谈单签单问题进行深入讲解。第 1、2 章介绍谈单签单基础，讲解的内容比较简单，让设计师快速入门。第 3、4、5 章掌握谈单的技术内容与心理战术，是装修谈单签单的核心所在。第 6 章列举 3 个案例，将内容进行进一步扩展。全书重点在于讲述了谈判的各种细节，是设计师与客户交流的法宝，重点介绍谈判的心理战术。

另外，本书从装修业主的角度出发，教会设计师只讲业主关心的问题，让业主快速了解装修，但是又强烈依赖设计师。本书不谈复杂的理论，着重阐述实用技能，并针对有技术含量的内容，配以少量图片，给设计师以直观感受。

本书还有以下同仁参与编写（排名不分先后），在此表示感谢。

向芷君、戴陈成、程媛媛、鲍莹、柯孛、付洁、刘敏、孙莎莎、李恒、肖萍、杨超、施艳萍、杨清、张刚、朱莹、赵媛、高宏杰、汤留泉。

编 者

目 录

第 1 章

谈单签单的知识贮备

🔴 1.1　回顾在校课程学习

正式的谈单签单必须是在一定理论知识的基础上进行的，拥有一定的知识贮备再来进行谈单签单才能做到理论和实践相结合。因此，在校期间所学的课程在今后的谈单签单实战中有着重要的作用。

设计类专业学生在校所学课程主要分为以下三大类：美术基础课程、专业软件课程和专业基础课程。

1.1.1　美术基础课程

1. 素描和速写

可以说，没有美术功底也能做好设计的想法是错误的。因此，通过学习达到绘画入门水平，并提高对结构、比例、透视、物体的空间感、质感、体积感的初步认识和表达，培养造型能力、观察能力和空间想象能力，都需要掌握素描这一基础技能，为以后的设计打下良好的基础（见图1-1）。同时，一些学校在素描的基础上还增加了速写练习，锻炼学生的快速表现能力，为之后的手绘提前做准备，增强今后与业主现场沟通时的手头表现力。

2. 色彩

了解色彩基础知识，将素描造型转化为用色造型，感受色彩所表达的气氛，如冷、暖感觉及心理感受，为表现技法打下基础（见图1-2）。

图1-1 素描

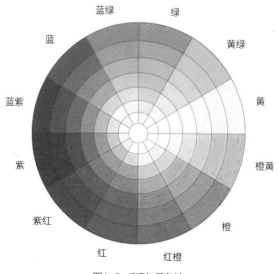

图1-2 7环矢量色轮

3. 三大构成

三大构成即平面构成、色彩构成和立体构成，学习三大构成是进行设计的前提，主要是为了培养有序思维，学会预想和计划行为、抽象和形象思维的方法，并学会运用各种材料以及物以致用的思维理念，具有敏锐的洞察力，强烈的感染力，拓宽点、线、面的构成思维技法，发展空间塑造与想象能力，为设计积累各种元素（见图1-3）。

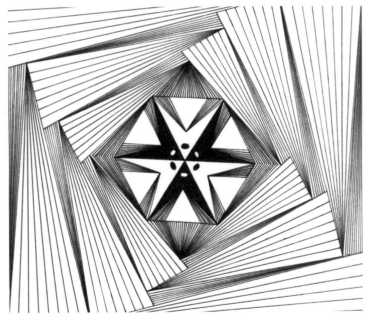

图1-3　点线面综合构型

4. 设计原理

掌握设计的内容、分类、方法与步骤要求，以及人体工程学基本观点和设计风格等内容，为今后的设计寻找科学依据。

5. 手绘表现技法

手绘表现图是设计中重要的表达方式之一，设计师通过手绘效果图能直接、快速地让业主看到设计的效果，使整个谈单流程更短、更经济。对比电脑效果图而言，手绘表现更快速，效果更直接，也更能真正体现一名优秀设计人员的功底。将前期学习的素描、色彩、速写、三大构成的基本功在表现技法里进行综合运用，重点掌握透视的应用，由浅入深地表现各种风格，技法多样。对水粉、彩色铅笔、马克笔等的表现进行融会贯通的学习，应用设计所需要的元素（包括工程材料、制图等）进入设计思维状态。后期也将学习从平面图到施工图，再到效果图的绘制，以初步达到一名设计师的要求（见图1-4）。

图1-4　手绘

1.1.2 专业软件课程

1. AutoCAD

学习窗口界面介绍及定制、对象捕捉、基本绘图命令、基本修改命令、坐标、轴测图、图块基本操作、图层管理、对象属性、尺寸标注、文字输入与编辑、建筑图样的标准绘制流程、室内原始平面图绘制过程、室内布置图绘制过程、室内吊顶图绘制过程、室内立面图绘制过程和打印输出等（见图1-5）。

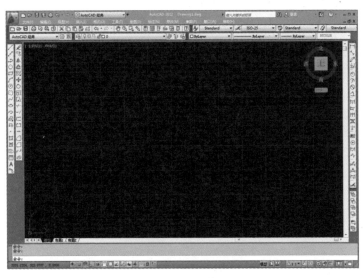

图1-5 Auto CAD 使用界面

2. 3ds Max基础

材质与贴图（多维子材质、双面材质、顶底材质、混合材质、漫反射通道、凹凸通道、不透明通道、反射通道、折射通道的作用和通道贴图的方法，及各种常见的程序贴图的应

用）、灯光（3ds Max 灯光应用基础、各种灯光的应用范围及
参数设置、基本灯光、光效学灯光、灯光特效）、渲染（渲染基
本参数调节、摄像机调整、渲染设置）、效果图制作流程（Auto
CAD 图样的修改与导入、模型的制作与家具调用、灯光的设
定、材质与贴图的设定、照相机的使用技巧、Photoshop 后期
处理、效果图成图）（见图 1-6）。

图1-6　3ds Max 使用界面

3. Vray渲染

结合 3ds Max，学习场景建模、Vray 完整功能及参数设
置、Vray 材质技术、Vray 灯光调试技术及实际应用当中的技
巧，彩色通道及 Photoshop 后期处理，Vray 室内效果图渲染
讲解（见图 1-7）。

4. Photoshop

主要在设计中起到辅助的作用，一般是设计之后直接
反映出来的成品，需要有"设计方案 → AutoCAD → 3ds

Max → Photoshop →成图"这样的一个过程，因此会涉及软件之间的交互和打印输出方面的知识（见图1-8）。

图1-7　Vray渲染使用界面

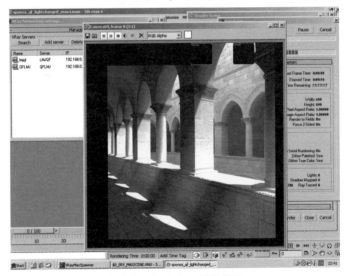

图1-8　Photoshop 使用界面

1.1.3　专业基础课程

1. 室内设计原理、材料与施工工艺

1）讲解室内设计规范、绘图语言、图形的创作规律，人体工程学原理在室内装修及家具制作中的应用；探讨民俗、民风对室内设计的影响和规律；详细讲解室内空间元素的组合布置，其中包括地面形态、天花板造型、墙面装饰、家具摆设、门窗修饰、空间分隔、玄关、过道、环境光的引入、人工光的分布、防水、防潮、房屋改造的规范、室内环境净化及绿化、露天环境的利用及装饰等；不同室内空间的基本要求，如商业空间、办公空间、生产空间、娱乐空间、公司事业服务空间等；同时讲解不同流派的定位和把握等。

2）装饰制图的规范与制图练习。

3）空间设计、家具设计、水电设计、陈设设计与人体工程学。

4）装饰材料的识别与运用：木质装饰材料、装饰装修涂料、玻璃装饰材料、石质装饰材料、陶瓷装饰材料、金属装饰材料、装饰装修塑料、石膏装饰材料、地毯装饰材料、装修防水材料、装修墙体材料、装修绝热与吸声材料、胶粘剂及无机胶凝材料、卫生洁具与小五金材料、市场新型装饰材料与特种装修材料等。

5）装饰构造与施工：防水工程的施工技术、抹灰工程的施工技术、吊顶工程的施工技术、地面工程的施工技术、轻质隔墙工程的施工技术、涂饰工程的施工技术、裱糊与软包工程的施工技术、饰面板（砖）工程的施工技术、门窗工程的安装技术、细部工程的施工技术等。

6）工程监理与质量验收：水电隐蔽工程的验收规范、木工工程的验收规范、泥工工程的验收规范、涂料工程的验收规范、安装工程的验收规范、工程完工后全部工程的验收规范等。

7）预算和报价：讲解工程报价的内容、工程报价的计价方式、工程报价的文字说明及相关法律法规、工程变更及工程决算等。

2. 建筑手绘表现技法

建筑手绘技法（室内）、手绘的基本笔法、手绘工具（彩色铅笔、马克笔、水彩）的使用技巧与技法、透视的把握及运用、手绘草图的训练、建筑手绘的色彩搭配、手绘效果图多种技法的比较等。

→ 1.2 适度的社会实践

多数学校的设计专业采取的是灌输式的教育，虽然塑造了学生很好的基本造型技术和技巧，创作的作品也体现出了艺术性，但却缺乏实践性。因此，大部分学校一般会有寒暑假社会实践要求。

实践的目的：一是为了加深对理论的理解，把感性认识上升到理性认识，实现理论升华；二是为下一次实践活动提供经验。

学生的实践活动往往也需要以调查报告和心得体会的形式

加以总结。因此，本小节就主要讲述设计专业学生在社会实践期间需学习的内容和一些注意事项。

1.2.1 参加社会实践的渠道

1. 与装饰装修公司联系，投简历并参加面试，进行实习。

2. 参与专业老师所参与的工程项目。

3. 主动参与学校组织的参观装修公司及实习交流活动。

1.2.2 社会实践的准备与总结

1. 找准实习单位的目的

作为一名实习生，最重要的当然是获得工作实践的机会。

当实习部门非常繁忙，入职后立刻就要投入具体工作时，你就会收获到非常多的实际经验。从实际操作中学会解决问题的方式方法，能够快速得到进步。而当你去的部门没那么忙的时候，你可能需要做一些别人都不太在意的琐碎的工作。别担心，如果能够在这个团队里展现出自己的能力或发展潜力，自然会有人赏识的，团队里那么多高级设计师，让他们在你的设计过程中指点一二，也能受益匪浅。

2. 明白自己实习的目标

作为一名实习生，要明白自己在实习过程中需要收获什么。学校里基本上是"大而全、广而浅"的学习方式，一门课程走马灯似的过了便过了，只要按时上交作业，老师也很难具体指导。老师即使真的提出了意见和建议，你也没有机会进行调整了，因为接下来其他的课程又来了。

所以有些实习生有时候在对待项目时也把它当作学校的作

业，做完了就不管了。一方面，这样没有办法从已有的实习经历中获得收获；另一方面，又因不能忍受长期的、单调的、类似的工作而很容易疲乏、厌倦，遇到阻力也会比较容易气馁。

这时候，实习生应该明白工作本身是一个长期的而且持续的过程，很多工作不是一次性的，甚至连比较明确的阶段性都无法保证。在这个过程中，以提升自我为目标的学习，需要有一定的工作量的积累，才会有质的变化。

积累、理解和消化吸收，才是实习阶段的重要目标。

3. 实习成果的展示

部分企业在实习阶段尾声会进行一个考核，以对实习生的实习成果进行总结。

一般来说，实习的时间长度大概在 2~3 个月，那实习即将结束时，应如何总结工作呢？重点是如何体现自己的价值，以及如何突出自己的优势。

4. 关于收获

在实习期间，我们可以真正进入到实战中去，进一步了解画图标准和计算机辅助设计软件的运用，对报价预算、市场材料、材料性能、装饰风格、颜色搭配以及室内布局等会有更加深刻的理解与体会。当然，最重要的是谈单，要开始真正接触社会并与客户交流，这其中可能涉及和客户面对面交谈沟通，了解他们的需求并和团队一起做设计方案。若能成功签单，则还有了解现场施工情况的机会。

实习是学校经历的延长、社会工作的起步，从这个角度来看，过程远比结果重要得多。发现问题并改进以及总结经验才是最重要的收获。

最后，设计必须跟随社会的发展而创新。除了在假期实践与专业有关的工作（如去某一设计公司帮忙或做某设计师的助手），将自己所学的理论应用于实践外，还可利用节假日或空余时间多走出校门去看看。这样既可以学到书本上学不到的知识，积累宝贵的经验，又可为自己日后的就业创造有利的条件。

当然，还需注意的是，社会实践固然能增长经验，但在校学习好专业知识才是第一位的。

➜ 1.3　把握好深造机会

设计水平的提高没有捷径可走，每一位成功的设计师都具备一个特点，就是他们都喜欢多听、多看、多感受。因此，设计师要注重个人修养的培养并把握好专业深造的机会。

1.3.1　深造的目的

1. 开阔眼界并积累经验，追求更好的教育条件似乎是所有人想继续深造的初衷。

2. 就业竞争力应该是深造所追求的最低目标。通过深造，学习新的设计理念等并服务于将来要从事的行业之中。

3. 学习语言，在专业过硬的前提下，充分利用自己的语言优势来为将来的求职助力。

1.3.2 深造的途径

1. 参加考证

"考证"是当今职场的热词之一。证书是职场新人求职的专业"身份证"，更是众多职场人士提高身价的捷径。用权威、含金量高的证书为自己"镀金"，是时下年轻求职者偏爱的方式。企业对求职者能力的判断，很大一部分也以证书为依据。像室内设计职业资格证书、建筑师资格证等，都是行业里的"金牌"证书。

此种途径适合走技术路线的职场人士，以及岗位专业性较强的职场人士，可通过考证来掌握一技之长，为职位晋升或跳槽增加筹码。初涉职场的大学毕业生可选择一些培养专业技能的初、中级职业资格证书，弥补知识和能力结构单一的不足。

2. 报考研究生

虽然如今用人单位的唯学历观念有所改变，但不可否认的是，高学历求职者的就业机会较多，竞争力相对较强，薪酬待遇也相对较高。如今职场竞争日益激烈，攻读硕士课程，提高学历层次，成为本科生获得职业发展动力的捷径。

一般来说，考研要提前一年准备，而基础知识不够扎实的职场人士则需要两年左右的准备时间。工作时间不长的本科毕业生，较适合参加全国硕士研究生入学考试，报读全日制硕士学位课程；拥有一定工作经验并想在专业领域进一步深造的职场人士，较适合参加专业硕士教育；想兼顾工作与学习的职场人士，适合参加在职人员申硕考试。

3. 短期培训

短期培训以外语能力培训和管理能力培训为主。近年来，随着外企的大量涌入，以及计算机在工作中的普遍应用，外语能力与计算机操作能力已成为职场人士必须掌握的技能，于是各类培训项目层出不穷。此外，随着用人企业日益关注求职者的社交能力、团队合作能力等"软实力"，相关的短期培训行情也逐年看涨。

短期培训的学习难度不大，只要学习目的明确、学习态度认真，并有一定的相关知识基础，一般就都能学有所获。通常，短期培训的时间都在一年以内，课程安排灵活。因此，在职人士只要合理安排好时间，就能做到工作、学习两不误。

4. 出国留学

出国留学并非在校生的专用通道，随着就业竞争日趋激烈，以及职场对国际化人才需求的不断看涨，在职人士也可选择留学镀金。从目前的情况来看，硕士学位课程和短期语言培训课程，是在职人士出国留学的主要选择。

但不同国家的留学成本各不相同。热门的英语国家，如美国、英国、澳大利亚等，留学费用较高，每年需 15 万~30 万元人民币；日本、韩国、新加坡等亚洲国家，留学费用相对较低，每年需 7 万~15 万元人民币。综合来看，出国留学的投资较大，适合具有一定资金实力的职场人士。

从收益上分析，随着海归人数的不断激增和企业用人观念的日趋理性，"洋文凭"的含金量有所降低。当然，留学投资不能单纯地用金钱来衡量，在留学过程中培养的国际化思维模式以及积累的人际关系等，都是一笔宝贵的财富。

另外，外语考试是出国留学必过的门槛，包括 TOEFL、IELTS、TSE、GRE、GMAT 等。要通过这些考试需有一定的语言基础，对国内的职场人士来说，英语考试的难度相对小一些，但德语等小语种考试则有一定难度。

时间准备上，出国留学涉及语言考试、申请学校、申请签证等诸多环节，因此至少要提前一年准备。如果是申请去美国、英国等热门留学国家，则可能需要更长时间。外语基础薄弱者更要留有充足的准备时间。

出国留学是项不菲的投资，要想获得好的回报，就必须认真制订留学计划。自己的留学目的是否明确，对留学国家是否了解，所选专业是否有助于未来回国就业等，这些问题必须在留学前就考虑清楚。

最后，要根据自己的学历及资金状况选择留学国家和专业。留学是一种高投资、高风险的行为，职场人士要三思而后行。

1.4 抓住社会流行趋势

设计师需要了解流行风格趋势，这对装修来说是有好处的。但家居装修设计的流行风格趋势只是一个感念，所以设计师可以借鉴流行趋势中自己喜欢的地方，为客户打造更理想的居住环境。

当今的装修流行趋势主要有以下几点。

1.4.1 "新古典"与"新中式"

现在是一个古典与现代结合的时代,古典家居样式的现代演绎已经是现在装修设计的亮点,在满足人们追求现代时尚的同时,也满足对人们古典韵味的要求。这种装修风格装饰精致,材质绚丽、多样,功能更加人性化,在色彩设计上也突破了中式古典的格调,加上了现代的感觉,色彩更加多样化、年轻化,从而更受欢迎。在装饰设计上,古典的刺绣、雕花等技法与现代科技相结合,赋予了室内空间更多的文化底蕴和现代情感。

1.4.2 环保健康

现代装饰材料和施工工艺都在不断更新,大多数更新方式都是以成品或半成品材料替代以往需要长时间现场制作的装修构造,这些新材料在工厂预制生产,并将多种材料融合为一体。它追求华丽的外观和高效的使用功能,却忽视了家居污染问题。

绿色环保装修是指从装饰设计到家具使用都贯彻环保健康的理念,时刻注意装修污染和环保行为,将家居健康生活理念全部贯彻到装修内容中去。在装修时尽可能不使用有毒害的建筑装饰材料,例如:含高挥发性的有机物、高甲醛等过敏性化学物质、高放射性的石材等。可以放心使用经国家环保认证的装修材料和产品,必要时可以请权威机构进行鉴定。在室内装修设计中,自然的外观和天然的材料更能给人以环保和接近大自然的感觉，也是生活在城市中的人们所向往的。如今，环保和可持续发展是装修设计的先决条件，奢华的设计已不再是人们的喜好了。

1.4.3 "多彩色"与"中性色"的运用

"多彩色"与"中性色"的运用升级可以让人心情愉悦，满足人们对于颜色的喜爱，同时也能凸显个性化，给室内装修装饰更大的发挥空间。中性色是设计的一个主流方向，很多装修风格和家具都呈现中性色，不同深度、色度的中性色可以灵活运用，使人在这样的空间中放松、享受舒适和清静。

1.4.4 "柔性"与"圆润"

家居设计演绎仿生的概念，例如按照人体曲线和弧度来制造座椅，仿树叶造型的躺椅和沙发等。家具外形自然也走向圆弧、轻盈，甚至还带点趣味成分。这样的设计可以给人舒适感，同时营造和谐的空间感。

1.4.5 "组合"与"模块"

模块化是现代家具的新潮流，模块组合可以很快、很容易地改变生活空间。同时，家居功能空间划分合理也是现代装修的基本要求。为了获得合理的起居空间，通常需要对原有建筑形态进行一些改造。环保意识的加强、室内空间的减小、不一般的方式感觉、收纳空间要更大的需求使得模组家具成为一种需求，让人们在有限的空间内利用组合式设计，充分利用隐蔽的空间，巧妙地使用角落，改变建筑本身的空间结构。现代装修认为轻便、灵活的设计、更多的收纳更能满足人们生活的需求（见图1-9）。

图1-9 空间的模块组合

1.4.6 "慢设计"与"悦生活"

在快节奏的都市生活中，"慢设计"与"悦生活"更多地体现在家居的文化内涵上。悦生活是一种态度，慢设计是一种理念。慢设计是基于人们对幸福指数与精神生活的追求，增加人和身边世界之间额外的情感交流，更关注生活、心灵。同时，智能化家居的出现更能满足人们享受生活、释放心灵空间的乐趣。

1.4.7 传统工艺与时尚设计

越来越多的传统工艺作品受到人们的关注和喜爱，设计师可以通过现代的设计理念，运用具有独特风格的传统工艺作品来变现。不光是家居设计，更多的空间室内设计都可以运用这种手法，以给人不一样的空间感受。同时，可以通过定制家具，利用两者巧妙地结合设计出独具韵味的时尚空间。

第 2 章

初入公司的快学内容

⊃ 2.1 了解工作环境与营销方向

国内家装装修市场非常火爆，随之而来的家装市场人才竞争也日趋激烈。一方面，各个家装公司因家装设计专业人才的缺乏而求贤若渴；另一方面，每年大量高等院校毕业的设计师因不能适应工作而应聘不到岗位。因此，要想从事设计师这个行业，首先了解其工作环境与营销方向是必不可少的。

2.1.1 设计师最重要的工作

设计师最显著的特点就是每天必须亲自面对客户"接单"，每一笔设计合同都必须通过设计师不懈地"征服"客户才能得到。如果设计师不能顺利地接单，其他工作就都无从谈起。

接单是家装设计师所有工作中最重要的，也是最关键的工作（见图2-1）。

2.1.2 设计是基础，签单是目的

设计师接单阶段的工作是一个过程，是通过"接单咨询""设计方案"和"完成签约"等工作来完成的。在这些工作中，"设计"是签单的基础，因为签单是通过设计实现的，没有好的设计就很难签到单；"签单"是设计的目的，设计师签到单，设计的目的才能算是达到。只提高设计能力是不够的，设计师

还需要熟练掌握"签单"技巧，而这通常包括怎样与各种难缠的客户"打交道"的种种能力。

图2-1　设计师接单洽谈

　　设计和签单，这是接单过程中两项重要的工作，缺一不可。有些设计师认为只要设计好，就一定能够签到单；有些设计师则相反，认为签单只要能说会道就可以了，而设计好坏是次要的。这两种想法都是错误的。

2.1.3　设计师工作范围越来越广

　　我们都知道，设计师与装修业主之间的关系应该是一种服务与被服务的关系。

　　家居装修设计具有综合性强、设计周期短、设计取费低等特点，这也要求家居设计师比设计其他公共建筑的装饰设计师能力更加全面。不仅要是家装设计专家，同时还要是预算报价专家，以及材料和施工方面的专家，甚至还需要是花卉专家和家具专家；不仅要有空间设计能力以及结构、材料和施工知识，还要有水电方面的知识，要能够出报价表并能画出电路布置图。

因此，设计师最大的特点就是要求知识全面、综合能力强，既要懂设计施工，又要懂接单、经营；既要有较高的设计创意能力，又要有很好的和客户打交道的水平。设计接单是设计师一切工作的重中之重，掌握得越好，接单也就越轻松，收益也就越大（见图2-2）。

图2-2 设计师谈单

2.1.4 会接单，才是金牌设计师

许多公司普遍实行"设计师负责制"的经营管理方式，就是要求设计师具有各方面的专业知识。

家装设计师只有集众长于一身，才能成为接单高手，才能成为受客户欢迎的金牌设计师。

设计师不仅要有专业设计方面的知识能力，还要有经营方面的能力；不仅要是设计和施工高手，还要是一个谈判专家和签单高手。从接待洽谈到方案设计，从成本预算到施工合同签订，从材料选用到具体施工以及最后的工程验收，装修需要的设计师是具有各方面专业知识的全方位人才。

2.2 与领导和同事的沟通

当接到需求或介入需求的时候，我们需要与需求方沟通；做用户调研也需要与用户沟通。但装修设计方案往往都是团队共同的结晶，因此在工作中，设计师除了要和客户进行有效的沟通以达成签单外，平时还要学会如何与同事、领导沟通。

所谓沟通，简而言之，就是信息的传达。

2.2.1 与领导的沟通

1. 与项目经理的沟通

在一个项目里，项目经理要对整个项目负责，他决定了项目的整体命运，是整个项目的需求方。设计师是需要满足项目经理对项目的需求的，但也并不是无条件地满足。

当设计方案与用户体验相冲突时，设计师有义务也有权利对项目经理提出自己的见解和更好的设计方案。

有不同意见可以讨论，相互协调，学会多角度换位思考，不应有对错绝对的定论，但是最终决定权应该属于项目经理。一个好的项目经理往往也是半个好的设计师，好的设计师也是半个好的项目经理。两者应该你中有我、我中有你。

2. 与上级领导的沟通

与上司之间的有效沟通要注意以下几点：沟通要准确，言简意赅，思考到位，预判准确，不拘谨、不放肆，能了解领导的习惯并体会领导的心情。

2.2.2 与同事的沟通

1. 平等原则

平等就意味着相互尊重。寻求尊重是人们的一种需要。同事间交往的目的主要在于共同完成工作任务，这就规定了彼此应在人格上平等、在学习上互助，并要主动了解和关心同事。

2. 包容原则

包容表现在对同事的理解和关怀上。人际交往中经常会发生矛盾，有的是因为认识水平不同，有的是因为性格脾气不同，也有的是因为习惯爱好不好，相互之间由此会造成一定的误会。双方如果能以容忍的态度对待别人，就可以避免很多冲突。

3. 互利原则

古人云："投之以桃，报之以李。"互利原则要求我们在与同事的沟通相处时，了解对方的价值观，并保持双方的互利原则，从而维持和发展与他人的良好关系。

4. 信用原则

信用指一个人诚实、不相欺、守诺言，从而取得他人的信任。在人际交往中，与守信用的人交往有一种安全感，与言而无信的人交往内心则会充满焦虑和怀疑。因此，在与同事的相处中，守信用会使自身的形象更加良好（见图 2-3）。

要注意的是，在与同事沟通时，还要学会控制情绪、注意用语。在讲道理摆事实的时候要语速平缓、底气充足、点到为止、戒骄戒躁。当然，最重要的是要真诚、付出真心。

图2-3　同事之间的沟通

2.3　快速收取设计定金

在设计师接单过程中容易出现这样一种现状，客户总是要先见到设计稿之后才会交定金。但是在提交设计稿后，客户又总是以各种理由不通过，进行第二次设计后还是不符合其心意，最后就不了了之了，白白浪费了时间。当然，也不排除一些设计稿可能真的达不到客户想要的效果，才会通不过。但无论怎样，都会影响到设计师的接单成功率和设计时间。所以，在进行接单时，设计师要学会快速收取设计定金的方法。

2.3.1 主动要求

经过双方的充分沟通和交流，客户对于装饰公司的施工和服务水平、设计师的人品和设计能力，以及设计方案和预算报价都会有比较明确的认识和初步了解。特别要注意的是，设计师应对客户提出的意见当场做出修改，并马上把调整后的方案给客户看。这时，如果业主当场有家装意向，一般双方就可以签订设计合约，并适当收取一些设计定金。一定要鼓足勇气在这个时候对客户明确提出这个要求，不要怕被拒绝。这一步是非常必要的，合同是一定要签的；定金的数额虽然可以酌情考虑，但也一定要收。一般只要客户签了合同并付了定金，这单设计也就定了，90% 以上的客户都不会反悔。

2.3.2 学会闭口

这里需要注意的是，不要说主观性的议题，在争论中应将话题引向签订合同；对与签单无关的东西，设计师要全部放下、尽量杜绝、闭口不谈，因为主观性的议题对签单没有任何好处；也不要说夸大不实之词，少问质疑性话题，适当学会闭口，客观清晰地帮助客户分析公司的优势和劣势，帮助客户熟悉市场，让客户心服口服。

2.3.3　优惠活动

在家装价格这个问题上要量力而为，不要跟客户纠结价格问题，明白自己优惠的底线。可适当根据公司当期活动给出优惠，但总体优惠金额需控制在公司允许的范围之内，并且价格优惠的幅度必须先大后小，当自己做出价格优惠时，要求客户在某些方面也做出让步以作交换，要强调自己在价格上优惠给客户带来的利益和价值，必须让客户明白你的优惠是严肃的且有保障的。

2.3.4　切勿喜形于色

稳定心态，不卑不亢、心平气和地关心客户，鼓励他的消费欲望。需给客户展现沉着稳重的形象，过多的表情会让客户看透你，反而不利于签单。

2.3.5　口碑营销

设计师可以阐述公司的优势、其他客户的选择及交定情况加以刺激客户，吸引客户提交定金并签订合同。

2.3.6　注重售后服务

可与客户签订售后服务及质保期限承诺书。售后服务的内容主要包括三个方面：售后服务单属售后服务范围，是住宅装修工程完工后，装修公司向客户提供的服务项目表，其中应该包括装修公司的服务项目、服务方式、服务时间等；追踪服务卡（保修期外）是对保修期外客户还需修补或改造项目的回执，业主今后若有装修需求，可以通过此卡联系装修公司；提供咨询服务，住宅装修之后，例如设备设施的使用及保养、清洁等，业主都可以向装修公司咨询，装修公司也要提供周到的服务。

一般来说，在保修期内出现的问题属于施工质量问题，装修公司应该免费维修。保修期外只收材料和工时费，其他费用应该免收。

收取和缴纳设计定金，一方面，表明了客户的诚意，同时也是对客户的一种约束，避免因客户中途变卦而导致装修公司做大量的无用功；另一方面，这也能让装修公司员工全身心地投入工作，如期提交令客户满意的装修方案。

所以近些年来，装修客户已经能理解并接受了缴纳装修"定金"这一概念。装修定金可以从装修工程总款项中返还，如因装修客户的原因而未能与装修公司签单，那么此装修定金就作为装修公司的经济损失补偿或劳务报酬，是不会返还给客户的。

➲ 2.4 现场测量简单轻松有诀窍

设计师装修前要现场测量，进行综合的考察，然后再给客户做出设计图。现场测量的主要工作包括：

1. 定量测量：主要测量室内的长、宽、高，计算出用途不同的每个房间的面积。

2. 定位测量：主要标明门、窗、暖气的位置（窗户要标明数量）。

3. 高度测量：主要测量各房间的高度（见图2-4）。

图2-4　高度测量

装修前要仔细了解房屋结构，丈量一下实际面积，因为装修中的各种消费都与丈量得到的数据有关，例如：墙地砖、木地板的铺设数量等。丈量的数据越准确，预算的价格就越精确。

2.4.1　对齐尺端

单人测量时，不要过于心急而求快求全，要一个数据、一个数据地测量；先测量后记录，临时记在头脑中的数据不要超过两个，否则容易前功尽弃（见图2-5）。两人测量比较方便，一人握着卷尺，到墙体末端，读出数据；另一个在墙体首端定位卷尺，并进行书面记录（见图2-6）。三人测量就更方便了，墙体首尾各站一人，所读取的数据报给第三个人，由他进行书面记录。

图2-5　单人测量　　　　　　　　图2-6　双人测量

　　无论采用哪种测量方式，都要将卷尺对齐墙边，保持水平或垂直状态。在记录的同时，最好也将数据抄写在白墙上，供施工人员随时参考（见图2-7）。

图2-7　三人测量

2.4.2　分段拼接

对于很高很宽的墙壁，如不能一次测量到位，就需要使用硬铅笔分段标记，最后再将分段尺寸相加，记录下来。分段拼接而成的尺寸要审核一遍。分段测量时卷尺两端也应对齐平整，否则测量数据就难以准确。

2.4.3　目测估量

对于横梁等复杂的顶部构造，一般不好测量，除非临时借来架梯等辅助工具。这些结构通常可以通过眼睛来估测，例如，先测量一下自己的手机长度，再将手机的长度与横梁的长度进行比较，仔细观察它们之间的倍数，就可以得出一个大致的估量值。

2.4.4　注意边角

墙体转角处和内凹部分一般容易被忽视，在测量的时候千万不要漏掉。这些边角部位最终会影响到家具柜体及装饰造型的设计和取舍。除了长宽数据以外，还要测量至横梁的高度，因为这些复杂的转角部位一般上方都会横梁交错，情况很复杂（见图2-8）。

图2-8　边角细节尺寸

2.4.5 设备位置

要对水电路管线的外露部分进行实地测量，如果水管超出墙面的高度和宽度，这些就会影响到将来瓷砖的铺贴。此外，门窗的边角也需要精确的测量，尤其是将来会包裹的门窗套部位，这些数据可以方便后期的施工预算。

测量后可能出现两种情况，一是另约时间与客户沟通，二是当场与客户回公司再次沟通。另约时就会出现其他多种可能性，签单的机会就大大缩小了。

如果能让客户直接跟你回公司，并当场做出预算、平面图样和设计方案，促使客户当场交订金，签单的机会就能大大增加。所以设计师应当抓住每一个可能成交的机会，促使客户签单，而不是要等到多次沟通以后。

同时，很多设计师量完房子回来以后，就直接进入设计状态，忽略了分析过程。因为没有对客户进行分析，不知道客户的兴趣爱好，不知道客户的经济承受能力，所以大部分设计师做的作品要么是流于程式化，要么是完全按照客户的要求来做，不能真正理解客户的生活。这样盲目设计不仅消耗了大量的时间和精力，签单率也不会太高。所以要在充分分析的前提下，找准客户的需求，务求一击必中，务求每一个设计都能签单。

2.4.6 如何干好测量工作

1. 确保安全，主要包括自身安全和仪器设备的安全。仪器设备要正确使用、注意保护。

2. 眼勤、嘴勤、手勤。

3. 努力工作、加强沟通，多与监理沟通、多与客户沟通。

2.5 提升设计制图的品质

现场测量之后，与客户达成了签单协议，就可以绘制设计图样了。好的设计图样能传达设计师的设计理念，同时也能使客户满意。因此，了解绘图基础和绘图步骤对于设计师提高制图品质来说起着非常重要的作用。

2.5.1 绘图基础

1.图样规格

住宅装修的设计图样幅面一般不大，通常为 A4（297mm×210mm）或 A3（420mm×297mm）规格，也可以根据所画图样的大小来选定图样的幅面（见图 2-9）。

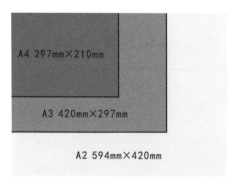

图2-9　图样幅面规格

图样的规格要根据所绘制的内容来确定，保证能清晰、准确地说明设计思想。

如果设计对象是别墅或带有较大面积户外花园的住宅，就可以选用 A2 纸（594mm×420mm）。标准图样上有图框，即绘图的边界线，任何图形都不能超出图框线，图框线一般距离图样边缘 5～10mm。

2. 图线类型

对于表示不同内容的线条，其宽度（称为线宽）应相互形成一定的比例。一幅图样中最大的线宽（粗线）的宽度代号为 b，其取值范围要根据图形的复杂程度及比例大小酌情确定。一般将图线的宽度分为特粗线 1.4b、粗线 b、中线 0.5b、细线 0.25b。以常见的 A4 幅面图样为例，b 可以选用 0.5mm，那么特粗线为 0.7mm、中线为 0.25mm、细线为 0.13mm。A3 幅面图样 b 可以选用 0.7mm，其他的图线以此类推（见图 2-10）。

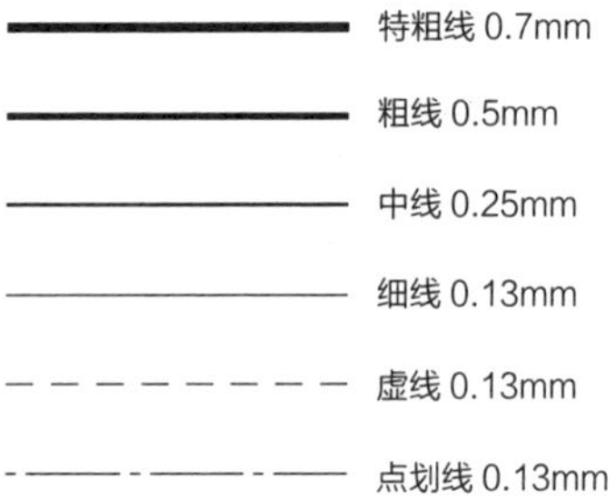

特粗线 0.7mm

粗线 0.5mm

中线 0.25mm

细线 0.13mm

虚线 0.13mm

点划线 0.13mm

图2-10 图线规格

家居装修设计是由形式和宽度不同的图线绘制而成的，要求图面主次分明、形象清晰、易读易懂。

特粗线用于图框界限或户外建筑的地平线；粗线用于墙体轮廓线、符号标记线；中线用于家具、构造轮廓线；细线用于装饰、细部结构、尺寸标注等其他用途。另外，还会用到虚线和点画线，这两种线在同一张图样中一般都选用细线的宽度，虚线用于表现不可见或隐藏的装饰结构，点划线用于对称中轴线。

在绘图时，图样不能与文字、数字或符号重叠、混淆，不可避免时要首先保证文字清晰。

3. 图样比例

比例是指图形与实物相对应的线性尺寸之比。比例的大小是指其比值的大小，如 1:50 就大于 1:100。在家居装修制图中，比例一般根据图样的规格和房屋面积来确定。在 A4 图样上绘制 120m^2 左右的平顶面图，可以将比例定为 1:100；绘制 80m^2 左右的平顶面图，可以将比例定为 1:50；绘制室内立面图，可以将比例定为 1:20。

比例一般注写在图名的右侧，文字排列整齐，注写比例数据的文字宜比图名文字小些。一般情况下，一个图样应选用一种比例。根据专业制图需要，同一图样可选用两种比例。特殊情况下也可自选比例，这时除应注出绘图比例外，还必须在适当位置绘制出相应的比例尺。

2.5.2 绘图步骤

了解以上绘图基础知识后，家居装修设计图的绘制就不难了，绘图时思路要清晰，不要瞻前顾后、烦躁不安。现在基本都采用电脑绘图了，画得不对可以重新再来，但是绘图步骤要严格按照以下几点来操作。

1. 绘制草图

将测量得到的数据核对一遍后就可以绘制草图了，绘制草图的目的在于提供一份完整的制图依据。测量完毕后可以在装修现场绘制，使用铅笔画在白纸上即可，线条不必挺直，但是房间的位置关系要准确。边绘制草图边标注刚才测量得到的数据，并增加一些遗漏的部位，做到万无一失。很多设计师都对这个步骤不重视，直接拿着测量数据就离开了，再次绘制图样时就糊涂了。其实现场绘制草图是检查和核对数据的重要步骤，个人的记忆力再好，也比不上实实在在的绘图（见图2-11至图2-13）。

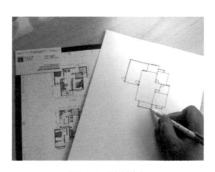

图2-11　绘制构架

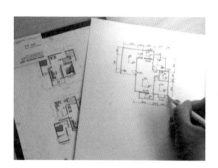

图2-12 标注尺寸

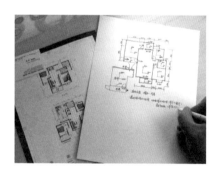

图2-13 记录修改意见

2. 绘制平面布置图

绘制平面布置图之前可以根据装修环境的复杂程度先绘制一张原始平面图，并将其打印出来，使用铅笔在上面绘制初步创意。待布局设计考虑成熟后，再开始绘制平面布置图。

首先绘制墙体，根据实际测量的草图绘制出房屋墙体轮廓图并标注尺寸，再次核对后就可以继续绘制。然后绘制构造，在墙体轮廓上绘制门、窗、排烟管道、排水管道的形态，开门要画出门的开启弧线。接着绘制家具，家具绘制比较复杂，可以调用不同绘图软件提供的家具模块，如果是即将购买的成品家具，可以只绘制外轮廓，再标上文字说明即可。最后绘制地面铺装，在家具位置周边的空白部位绘制地板、地砖或地毯的形态，这部分比较复杂，如果是徒手绘图也可以不画，仅用文字来指定说明（见图2-14至图2-16）。

图2-14 绘制构架

图2-15 绘制家居布局

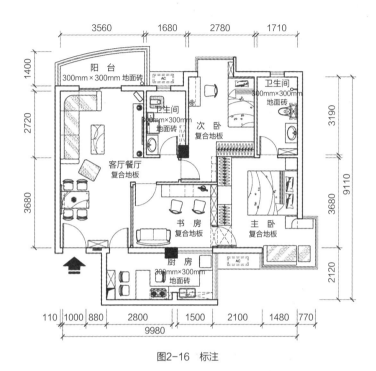

图2-16　标注

3. 绘制顶面布置图

将绘制完成的平面布置图复制一份，删除中间的家具、构造和地面铺装图形，保留墙体、门窗，在上面即可绘制顶面布置图。

首先绘制吊顶，根据创意设计绘制出吊顶的形态轮廓，并标注尺寸和装修材料，再次核对后就可以继续绘制。然后绘制灯具，在顶面或吊顶部位绘制照明灯具。最后标明高度，在顶面或吊顶部位标明高度，便于施工人员操作（见图 2-17 至图 2-19）。

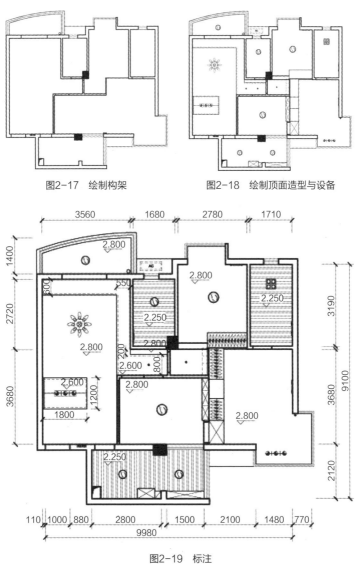

图2-17　绘制构架　　　　　图2-18　绘制顶面造型与设备

图2-19　标注

4. 绘制主立面图

主立面图是指装修中主要制作的立面构件图,一般是指装饰背景墙、瓷砖铺贴墙、摆放家具的立面墙等部位。主立面图的视角与装修后站在该墙面前一样,下部轮廓线条为地面,上部轮廓线条为顶面,左右以主要轮廓墙体为界线,在中间绘制所需要的装饰构造,尺寸标注要严谨,包括细节尺寸和整体尺寸,外加详细的文字说明。主立面图画好后要反复核对,避免遗漏关键的装饰造型或含糊表达重点部位。主立面图可能还涉及原有的装饰构造,如果不准备改变或拆除,这部分可以不用绘制,用空白或阴影斜线表示即可。主立面图的数量可能会达到 5 ~ 8 张,甚至更多,并与立面图相呼应,以方便查找(见图 2-20 至图 2-22)。

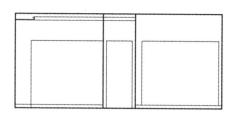

图2-20 绘制墙体框架

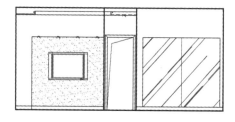

图2-21 绘制装饰造型

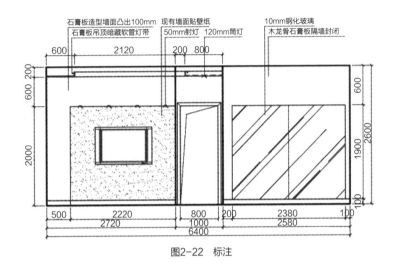

图2-22 标注

5. 审核图样

全部图样画好后应重新检查一遍，更正错位的图线，删除多余的构造，改正错别字，最好将平面布置图打印出来后多复印几份，供不同工种的施工人员参考。

➲ 2.6 制胜的谈判口才

谈判口才是日常通用口才的形式之一涉及许多方面，包括个人人生阅历、对生活的理解、对设计的认识、对材料的了解、对施工工艺的掌握程度以及消费心理学的相关知识。从某个意义上说，谈判口才就是知识口才，知识是谈判者口才的根基及源泉。

2.6.1 知识是谈判者口才的源泉

"知识就是力量"这一名言，可以说是放之四海而皆准的真理。谈判口才与知识有以下几点关系。

1. 丰富的家装知识为你提供多彩的话题。一般来说，具有更多家装知识的人才具有较强的语言表达能力。为什么呢？因为如果知识过于狭窄，对客户所提出的问题缺乏见地，想开口就无从说起；而说起自己熟悉的问题，就容易打开自己的思维，否则就会无话可说。因此，只有具有丰富的家装知识（包括专业知识、自然知识、历史知识、社会知识、风土人情知识、社会风俗知识等），才能与客户进行良好的谈判。首先应把自己的头脑充实起来，在与客户交流的过程中才智横溢、流畅无阻，才能吸引客户，使签单水到渠成。

2. 知识为你的言语插上华丽的翅膀。一名成功的设计师能够口若悬河，这正是其综合知识的外露。在与客户交流时，同样的一个意思往往有雅俗各异的许多种说法。同样一句话，由不同的设计师说出来，有的显得笨拙生硬，有的就生动活泼、富有感召力，更容易取得客户的认同，这与设计师自己的知识修养有很大的关系。知识是智慧的海洋，丰富的知识也是多种语言的土壤。

3. 丰富的家装知识使你的言辞更有深度。

谈判中，同样的一个问题，同样的一个设计方案，家装知识丰富的人讲起来有根有据、论述充分，当然能赢得客户有赞同。

4. 心理学使你的言辞更得体。如果你掌握了心理学知识，就可以较准确地分析出客户当时的心理状态，从而适时地运用得体的言辞。古人云："问渠哪得清如许，为有源头活水来。"一名有谈判能力的设计师，在与客户交流时，的确可以源源不断地流出淙淙的"活水"，而这"活水"正是对日常工作经验的积累与总结。

2.6.2 谈判口才的特征

首先，"谈客户"是谈出来的，谈判与口才不可分割。其实，谈的过程是一种口才和心力的较量过程。谈判口才具有以下四大特征。

1. 目的性。"签单"是我们的动力需求，而"质优价廉"是客户的动力需求。

2. 言辞的偶然性较明显。针对不同的客户对象、不同的交谈内容，应随时调整自己的言辞表达能力。例如，与客户聊其他方面的知识。

3. 有一定的策略性。谈客户的过程既是口才的角逐，又是智力的较量，而出色的设计师总是善于调动客户的情绪，引导客户的消费观念，取得客户的信任。

4. 具有很强的时间性。谈判不同于朋友之间的聊天，也不同于其他的休闲谈话，因它的功利性而具有时间性，要掌握合适的时机来决定与客户沟通的时间。

2.6.3 谈方案前的准备工作

谈方案前的准备工作特别重要，准备工作是能否说服客户、掌握主动权的关键所在。

准备工作包括：图样是否完备，客户曾经提出的要求是否有备案，对价格是否做到了心中有数，对有可能出现的问题是否有所准备。

2.6.4 怎样从交流中获得有用的信息

这其实就是如何"投石问路"的问题。

所谓"投石问路"是对对方的一种试探，在交流中常常要用提问的方式来体会、摸索和了解对方的装饰意图及可接受价位、品位、家庭成员构成、房屋面积、准备装修的时间等。例如：当你想知道对方房屋面积时，问："您的房子是多大面积？"

当你想知道对方人员结构时，问："您的房子里常住人员是……"

2.6.5 交流中的文明礼貌用语

1. 设计师与客户的关系是平等的，双方必须互相尊重，融洽的气氛是交流顺利的重要前提。因此，日常工作中，语言表达文明礼貌、分寸得当才能使设计工作在友善的气氛中进行下去。

2. 出言不逊、恶语伤人，肯定会使对方感到不满和反感，最终使交流失败，失去更多的商机。

当然，谈判中的语言既要文明礼貌，又要有一定的原则。有句名言说"大丈夫隐藏在自己的舌头后面"，谦虚比精明更能获得对方的认同。

3. 谈判中的优美谈吐表现为：说话具有亲和力，语调柔和，语言含蓄委婉，说理自然。举例：一定要学会用"您"而非你。对方向你道谢时，你要回答："很高兴帮您的忙。"向对方说谢谢，口齿要清晰，还要选择适当的机会，同时应回报以诚恳的微笑。

4. 谈判中用文明礼貌用语的同时，还要有良好的情绪。一忌慌乱，二忌狂躁。一慌一躁，阵脚不稳，言语过激，就会漏洞百出。最简单的方法是在与客户交流中停顿一下，如整理一下图样，喝一口水，或微微地笑一下。

第3章

掌握谈单的技术内容

➡ 3.1 装修市场分析介绍

在和客户谈单之前，设计师首先要了解整个装修市场的基本行情，以便随时回答客户提出的问题。

3.1.1 行业市场环境分析

1. 产业集中度低，公司数量种类很多，但真正能起龙头作用的企业并不多。

2. 整个产业的经营业态通常也比较落后，大多数公司仍然是"家装游击队"的水准，都是粗放式的管理和原始操作。

3. 家装公司缺乏普遍的法人管理模式，不利于吸引高端人才进入。

4. 大多数企业急功近利，只顾眼前的利益，不关注合理优化的流程，不关注客户的需求，缺乏战略远见和战略规划。

5. 大部分的家装公司管理落后，缺乏电子化、网络化的建设，更谈不上管理软件的开发与运用。

6. 更为关键的是大部分家装公司没有找到可复制的先进的管理模式。由于没有可复制的战略模式支撑，或者相应的物流模式的管理，最终都以失败告终，或者在经营过程中出现非常多的问题。

7. 目前家装企业的集成家装概念只是集成家装的皮毛，没有真正做到产业链的二次深化。

8. 大部分家装公司缺乏战略资金的引入，也非常不善于并购与重组，致使企业没办法做大做强。

3.1.2 设计师行业分析

设计师是一个很笼统的称谓。在装饰行业发展的初期，一般刚出校门的学生都不敢以设计师自居，而现在，只要拿到室内设计专业学历的人，似乎就可以担任设计师一职。虽然一般业主看不出设计师的水平，但行家可不是好糊弄的。目前，设计师行业比较混乱，素质水平良莠不齐，问题主要表现在以下几个方面：

1. 设计费昂贵，"返点"不来自客户

大的设计院或行业内有名望的设计师收费高昂，主要是针对高端客户，设计一般也以原创为主。虽然不能说一点"返点"的现象都没有，但绝对不能把"返点"的钱加到客户身上，而且他们推荐客户购买的材料，一般绝对比客户自己能买到的价格要低廉，所以客户不会有什么损失。这类设计师更看重自己的作品，并能以此吸引更多的客户。因此，请这样的设计师，尽可放心。当然，他们高昂的设计收费，也不是一般消费者能接受的。这类设计师有两个明显的特征：一是设计收费贵，二是一般不会接太小的工程。

2. "返点"随波逐流

还有一类设计师是那种能独立设计，但一直没有太多出色作品的良好设计师。他们虽然入行不晚，但因为综合基础知识薄弱，所以无法进入行业的主流。看着别人大把"返点"，也开始将返点最大的品牌产品直接设计进图样。由于把控到位，被蒙在鼓里的消费者更是没有选择，只能选择设计师推荐的品牌，打掉牙往肚里咽。这类设计师一般又都比较理智，不会无原则地为了钱而去采用那些和设计风格相背离的材料。

3. 经验尚缺，金钱为上

还有一类设计师，因为学过几年设计，再加上把效果图玩得比较熟练，虽然没有多少实际经验，但还是能"蒙住"一部分客户。他们的设计有些也能从主人的角度考虑，但当效果和金钱发生冲突的时候，他们往往会选择后者。几年下来，因为过多地将精力投入到"返点"上，除了赚钱外，他们的设计水平早已经不能适应新的市场了。行业的混乱给这类设计师提供了可乘之机，他们很快便赢得了那些中、低档装修市场的青睐。

4. 低素质的伪设计师

最后一类设计师，就是那些没有什么正规学历、素质较低的所谓"设计师"。如果以真正的设计师所要掌握的知识去要求他们，他们只能被划进不合格行列。

3.1.3 装修模式分析

1. 马路"游击队"模式

这类装修人员没有统一的组织，大多蹲在市场或马路边，面前放着一个纸壳板，写着装修工、泥瓦工等，如果客户有需求，能立刻就地组成装修队，进家装修（见图3-1）。

马路"游击队"的模式存在诸多缺点。在资质上，"游击队"没有营业执照和资历证书等具有法律效力的证件，客户的家装工程因而得不到法律保障，一旦发生纠纷，倒霉的只是客户自己。在信誉方面，市面上的"游击队"采取的是打一枪换一个地方的方式，在职业道德、工作态度、装修质量、售后服务等方面都无法与正规公司相比，工程一完工，就结账走人，一旦出现售后的问题，就找不到人，更谈不上对装修质量负责。在质量上，不管客户是采取材料自购还是由"游击队"购买，都会担惊受怕，因为以次充好、偷工减料的事情常有发生。在设计上，"游击队"谈不上设计，基本上是按照别人家里的样子或是听主人怎么说就怎么做，往往效果出来不伦不类。在追加资金方面，"游击队"往往先以低价位引诱客户，待工程动工之后，再追加费用；不加，他们干脆不再施工；加，仿佛是一个无底洞，越加越多。在服务上，"游击队"谈不上服务，流动性又相当大，施工人员普遍文化水平不高，服务不规范，服务意识也很淡薄。

图3-1 马路游击队装修人员

这种"游击队"式的装修，首先工人的素质参差不齐，从装修过程到装修结果，再到后期的售后服务都没有保障（见图 3-2）。

图3-2 设计师VS马路游击队

2. 装修公司模式

家装公司为客户提供的服务方式大致有以下三种：

全包装修，也叫包工包料装修，也就是说所有材料采购和施工都由施工方负责。对于业主来说，这是最省心的一种装修方式，也是装修公司利润最大化的一种装修方式（见图3-3）。这种委托装修公司从设计、购料到施工提供一条龙服务的形式，现在被很多客户所接受。这种承包方式适合于对装修材料极为不熟悉，且没有时间和精力去采购材料的客户。全包装修模式省时省力，可以为客户省去很多麻烦。但在这种模式下，业主容易与装修公司发生扯皮现象，业主担心装修方虚报价格，与材料供应商联手欺骗自己，费用相对也较高，所以大部分业主都不选择这种装修方式。

包清工是指装修公司及施工队提出设计方案，提供施工人员和相应设备，而装修业主自备各种装饰材料的承包方式。这种方式适合于对装饰市场及材料比较了解的业主（见图3-4）。

图3-3 全包装修

图3-4 包清工

包工包辅料又称为"大半包",这是目前市面上采用最多的一种承包方式,由装修公司负责提供设计方案、全部工程的辅助材料(基础木材、水泥沙石、涂料的基层材料等)、装饰施工人员及操作设备等,而装修业主负责提供装修主材,负责木地板、墙地板、涂料、壁纸、石材、成品橱柜、洁具、灯具的订购与安装。

"大半包"方式适用于我国大多数家庭的新房装修。装修业主在选购主材时需要消耗相当的时间和精力，但是主材形态单一、识别方便，另外，色彩、纹理都需要以个人喜好设定，所以绝大多数家庭用户都乐于采用这种方式（见图3-5）。

图3-5 包工包辅料

3.1.4 消费者分析

1. 装修品牌意识增强

随着消费者的消费行为日益理性，品牌消费成为趋势。更多消费者意识到，品牌不仅意味着品质保证，更是服务保障。因此，更多的企业在为消费者提供产品和服务时，覆盖面也更加宽泛；如提供成套的设计方案、全套的主材、科学的生活方式等（见图3-6）。

图3-6　品牌材料

2. 家装消费能力下降

目前，家装主力消费人群仍然在 26 岁至 40 岁，且大部分人装修房屋都是自住的刚性需求，花费（不含家具、家电）平均为 6.8 万元。分析其中的原因，首次置业装修的刚需业主占了很大一部分，由于房价一直处于高位，购房的压力增大，因此他们不得不缩减装修的费用。很多消费者也认为，"好钢用在刀刃上"，该花的钱一定要花；不该花的，则一分不多花。

3. 设计、环保决定选择

近年来，越来越多的消费者认为，是否选择家装公司，首先得看设计师的设计方案。和过去一味注重价格不同，现在的消费者更看重家装设计能给自己未来的生活品质带来怎样的影响。而消费者对设计的认同，还表现在对设计收费的认可上。

很多消费者表示，设计师的设计作品如果得到自己认可，就愿意为他们的劳动成果付费。

4. 把装修实用放在首位

除了设计好坏是选择家装公司时需要考量的因素外，消费者对设计的理解也更透彻，对实实在在的功能性也越来越看重。以往消费者看重的浮华造型正在被冷落。

除了设计好坏成为选择家装公司的因素外，消费者对设计的理解也更透彻，对实实在在的功能设计越来越看重，而以往消费者看重的浮华外表造型正在被冷落。

3.2 设计风格侃侃而谈

风格流派体现了所属时期的装修文化和生活，是设计师和业主精神品位的融合，它集中体现在装修要素中。但任何一种装饰风格都不可能经久不衰，需要不断变化与更新。这里就介绍一些时下比较流行的风格流派，方便设计师从容面对业主提出的设计风格问题。

3.2.1 中式风格

1）传统中式风格：是根据传统建筑厚重规整、中轴线对称等理论来制订的，尤其是中国传统建筑结构内容丰富，如藻井、天花、罩、隔扇、梁枋装饰等，对现代装修均有深刻的影响。

传统中式风格的特征很明显，主要采用具有古典元素造型的家具，如博古架、玄关、装饰酒柜、推拉门等构件。频繁运用古玩、字画、匾额及对联等装饰品丰富墙面。在摆设上讲求对称、均衡等要素。

可以选择买一些仿制明清古典家具，能提升风格韵味。虽然中式风格的空间色彩沉着稳重，但是色调会略显沉闷，可以适当配置一些色彩活跃、质地柔顺的布艺装饰品于装修构件和家具上，会让人有清新明快的感觉（见图3-7）。

图3-7　传统中式风格

2）现代中式风格：又称为新中式风格，它将传统中式风格中的经典元素提炼出来，给传统家居文化注入了新的气息。

室内装饰多采用简洁、硬朗的直线条，甚至可以将板式家具与中式风格家具相搭配。直线装饰在空间中的使用不仅反映出现代人追求简单生活的居住要求，更迎合了中式家居追求内敛、质朴的设计风格，使中式风格更加实用、更富现代感。饰品摆放比较自由，可以是绿色植物、布艺、装饰画以及不同样式的灯具等。这些装饰品可以有多种风格，但空间中的主体装饰物还是中国画、宫灯和紫砂陶器等传统饰物。这些装饰物数量不多，但在空间中却能起到画龙点睛的作用（见图3-8）。

图3-8　现代中式风格

3.2.2　日式风格

日式风格简约、干练、色彩平和，家具陈设以茶几为中心，墙面上使用木质构件制作成方格形状，并与细方格木质推拉门和窗相呼应，空间气氛朴素、文雅柔和，以米黄、白等浅色为主。日式家居空间由格子推拉门扇和榻榻米组成，最重要的特点是自然性，常以木、竹、树皮、草、泥土、石等材料作为主要装饰材料。

既讲究材质的选用和结构的合理性，又充分展示天然材质之美（见图3-9）。

图3-9　日式风格

3.2.3　东南亚风格

在东南亚风格的装饰中，室内所用的材料大多直接取自自然。由于炎热、潮湿的气候带来丰富植物资源，因此木材、藤、竹等成为室内装饰首选。东南亚家居大多使用橡木、柚木、杉木制作，色泽以原藤、原木的色调为主，大多为褐色等深色系，很具质朴感。在布艺色调的选用上，东南亚风格也常选用深色系，在沉稳中透着一点贵气（见图3-10）。

图3-10　东南亚风格

3.2.4　西方传统风格

1）欧式古典风格：主要是指西洋古典风格，它源于古希腊、古罗马的建筑装饰造型，强调以华丽的装饰、浓烈的色彩、精美的造型来达到雍容华贵的装饰效果。欧式客厅顶部常设计大型灯池，并用华丽的枝形吊灯营造气氛。门窗上半部多做成圆弧形，并用带有花纹的石膏线勾边。入厅口处多竖起两根豪华的罗马柱，室内则有真正的壁炉或做出装饰壁炉造型。墙面最好采用壁纸或选用彩色乳胶漆，以烘托豪华效果。地面材料多以石材或地板为主，欧式客厅非常需要用家具和软装饰来营造整体效果。深色的橡木或枫木家居，色彩鲜艳的布艺沙发，都是欧式客厅的主角。

浪漫的罗马帘、精美的油画及制作精良的雕塑工艺品都是点染欧式古典风格不可缺少的元素（见图3-11）。

图3-11 欧式古典风格

2）地中海风格：一般选择自然的柔和色彩，在组合设计上注意空间搭配，充分利用每一寸空间，集装饰与实用于一体，在组合搭配上避免琐碎，以显得大方、自然。风格特征主要表现为拱门与半拱门以及马蹄状的门窗。家中的墙面（非承重墙）均可运用半穿凿或者全穿凿的方式来塑造室内的景中窗，这是地中海家居风格的情趣之处，地中海风格的色彩非常丰富，以白色、蓝色、红褐色和土黄色相结合，色彩的饱和度也很高。但是家具应尽量采用低纯度且线条简单、修边浑圆的木质产品，地面则多铺赤陶或石板。马赛克镶嵌、拼贴在地中海风格中算是较为华丽的装饰，主要利用小石子、瓷砖、贝类、玻璃片、玻璃珠等素材，切割后再进行创意组合。同时，地中海风格家居还要注意绿化，爬藤类植物和小巧可爱的盆栽是常见的居家植物（见图3-12）。

图3-12　地中海风格

3）田园风格：又称为乡村风格，不同国家、不同地域的乡村风格均可归于此类，将自然界所存在的天热木、石、土、绿色植物等穿插搭配运用于装饰装修中，能体现出清新淡雅、舒畅悠闲的效果。

田园风格倡导回归自然，在美学上推崇自然美，认为
只有崇尚自然、结合自然，才能在当今高科技、快节奏的
社会生活中获得生理和心理上的平衡。因此，田园风格力
求表现悠闲、舒畅、自然的生活情趣（见图 3-13）。

图3-13　田园风格

4）美式乡村风格：是美国西部乡村的生活方式演变到今
天的一种形式，它在古典中带有一点随意，摒弃了过多的烦琐
与奢华，兼具古典主义的优美造型与新古典主义的功能配备，
既简洁明快又温暖舒适。布艺是美式乡村风格中非常重要的元
素，其天然感与乡村风格能很好地协调在一起。本色的棉麻

是主流，各种繁复的花卉植物、靓丽的异域风情和鲜活的鸟虫鱼图案也很受欢迎。摇椅、小碎花布、野花盆栽、小麦草、水果、磁盘、铁艺制品等都是乡村风格空间中常见的元素。美式乡村风格的色彩以自然色调为主，绿色和土褐色最为常见，壁纸多为纯纸浆质地，家具多为仿旧漆，样式厚重（见图3-14）。

图3-14　美式乡村风格

3.2.5　现代风格

1）现代简约风格：简洁和实用是现代简约风格的基本特点，在装修中着重考虑空间的组织和功能区的划分，强调用最简洁的手段来划分空间，极力反对不必要的装饰，认为除了居室功能所必备的墙体、门窗外，其他装饰都是多余的。在色彩上采用清新明快的色调，风格简约的装饰要素是金属灯罩、玻璃灯、高纯度色彩、线条简洁的家具等。其中，家居强调功能性设计，线条简约流畅，色彩对比强烈。此外，大量使用钢化玻璃、不锈钢等新型材料作为辅材，也是现代风格家具的常见装饰手法，能给人带来前卫、不受拘束的感觉。由于线条简单、装饰元素少，现代风格家具需要完美的软装配合，才能显示出美感（见图 3-15）。

图3-15　现代简约风格

2）混搭风格：室内装修陈设既注重实用性，又吸收了中西方结合的传统元素。但在处理上应注意各种手法不宜过于夸张，否则会显得凌乱（见图 3-16）。

图3-16 混搭风格

3.2.6 装修风格的流行趋势

1. 简约实用

家具及主体墙面的装饰构造以直线或曲线形态为主，不再使用烦琐的细部线条，装饰风格整体上趋向于简洁实用，注重功能性。

2. 可持续性发展

家居空间无论在固定隔断上，还是在装饰造型上，都具有可随时更新再利用的余地。客厅、餐厅、卧室、书房等功能区的划分并不是一成不变的，可为彼此之间的弹性利用留有余地。

3. 清新环保自然

在功能空间划分中考虑到南北通风流向，保证室内空气流动畅通。在设计中，凡是有利于环保、减少污染的材料都应被广泛使用。应适当使用纯天然的麻、棉、毛、草、石等装饰材料，以让人产生贴近自然的感受。

4. 具有高科技含量

现代装修应该迎合信息化的发展，尤其是现代人对信息和网络的依赖性大，在装修中应考虑到各功能区网线、电话线、音响线、监视器数据线的设置安装。此外，在家具、地板、吊顶、墙面材料上应该与时尚接轨，采用正在流行或即将出现的新产品、新工艺来满足新时代的生活方式（见图3-17）。

图3-17　家装中的高科技含量

总之，装修的手法多种多样，装修风格也可以包罗万象。不管采用哪种风格，都应在尽量满足业主所提要求的前提下，适当提出自己的建议和意见。

→ 3.3　点拨材料与施工

装饰装修是为了美化建筑的内外环境空间，保护建筑的主体结构，延长建筑及室内空间的使用年限，营造一个舒适、温馨、安逸、高雅的生活环境。

同样，材料的运用要通过施工环节来实现。这是装修工程中的重要环节，也是客户在选择装修公司时考虑最多的问题。因此，设计师在具体谈单签单时，可以适当地向客户讲解一些材料与施工上的问题，打消客户签单的顾虑。

3.3.1　装饰材料的功能

1. 装饰功能

装修最显著的效果就是满足装饰美感，室内外各基层面的装饰都是通过装饰材料的质感、色彩和线条样式来表现的。

可以通过对这些样式的巧妙处理来改进家居空间，从而弥补原有建筑设计的不足，营造出理想的空间氛围和意境，美化我们的生活。例如，天然石材不经过加工打磨就没有光滑的质感，只有经过表面处理后，才能表现其真实的纹理色泽；普通原木非常粗糙，但是经过精心刨切之后，所形成的板材或方材就具备很强的装饰性；金属材料价格昂贵，配置装饰玻璃，用在精致的细节部位才能体现其自身的价值。

2. 保护功能

住宅建筑在长期使用过程中会受到日晒、雨淋、风吹、撞击等自然气候或人为条件的影响，建筑的墙体、梁柱等结构因此会出现腐蚀、粉化、裂缝等现象，影响室内空间的使用寿命。这就要求装饰材料应该具有较好的强度、耐久性、透气性、空气湿度调节等性能。

> 选择适当的装饰材料对居室表面进行装饰，能够有效地提高建筑的耐久性，降低维修费用。

例如，在卫生间墙地面铺贴瓷砖，可以减少高温潮气对水泥墙面的侵蚀，保护建筑结构；墙面涂刷乳胶漆能有效保护水泥层不被腐蚀等。

3. 使用功能

装饰材料除了具有装饰功能和保护功能以外，还应该根据装饰部位的具体情况而具有一定的使用功能，以改善室内环境并给人以舒适感。不同部位和场合使用的装饰材料及构造方式应该满足相应的功能需求。例如，吊顶使用纸面石膏板，地面铺设实木地板，均能起到保温、隔声、隔热的作用，保证上下层间噪声互不干扰，提高生活质量；厨房、卫生间铺设的地面砖应该防滑防水；墙面贴壁纸应能有效保持墙面干净、整洁。

3.3.2　慎用的装饰材料

现代装修可用的材料品种多种多样，不同的材料有不同的质量，不同的部位应该选用不同品质的材料。例如，厨房的墙面砖应选择优质砖材，应能满足防火、耐高温、遇油污易清洗的基本要求，不宜选择廉价材料；而阳台、露台使用频率不高，地面可选用经济型饰面砖。应该特别注意基层材料的选择和使用，劣质的水泥砂浆及防水剂会对高档外部饰面型材造成侵蚀；而使用劣质木芯板制作衣柜会使高档外部饰面板出现气泡、开裂等。

选购材料时，还应该从配套完整性上来考虑材料的选用问题，要认真考虑主材与各配件材料之间的连接问题。

例如，色泽特殊的木地板是否能在市场上找到相配的踢脚板；成品橱柜内的金属构件是否能在市场上找到相应的替换品等。对材料价格应慎重考虑，它关系到业主的经济承受能力。材料的价格受不同地域资源情况、供货能力等因素影响，在选择过程中，要做到货比三家，在市场上多看多比较，量体裁衣，根据不同情况选择不同档次的材料。装修时，要注意慎用下列材料：

1）花岗岩。它采用水泥砂浆砌筑后，楼板的荷载就会降至 $120kg/m^2$，再加上家具或外力作用，楼板会产生不安全的隐患。花岗岩具有一定的吸水作用，一旦被油泥或色渍污染就很难清除。有些部位是可以选用花岗岩的，如客厅地面、厨房、卫生间的台面等，但是其他部位则要慎用。

2）不锈钢。其光亮的表面会给人的视觉带来一定反差，大量使用不锈钢会给人带来冰冷、严酷的感觉。

3）镜面。除了独具的使用功能外，它还应该有空间扩展功能和装饰效果。但如果处理不当，就会给人带来视觉上的混乱和反差，因此，设计师要为业主统一考虑。

4）玻璃。玻璃门、采光顶棚等应由设计师统一考虑，否则会影响美观或带来不安全的因素。

5）装饰铁花。其色泽多为黑色和古铜色，会给人以沉重感，且结构复杂、不易保洁，故不宜过多过繁地使用。

3.3.3 标准装修工序
装修施工流程

> 装修施工的工序不能一概而论，要根据现场的实际施工工作量和设计图样最终确定。

例如，若住宅面积小但交通方便，则装修材料可以分多次进场；若客厅地面需大面积铺设玻化砖，则工序可以提前，与厨房、卫生间瓷砖铺设同步，但是要注意保护等。一般来说，具体的装修施工流程如下。

1）基础改造。根据设计图样拆除墙体，清除住宅界面上的污垢，对空间进行重新规划调整，在墙面上放线定位，制作施工必备的脚手架、操作台等（见图 3-18）。

图3-18 基础工程

2）水电隐蔽构造。水电工程材料进场，在地、墙、顶面开槽、给水管路敷设，电路布线，给水通电检测，修补线槽（见图3-19）。

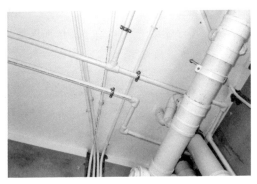

图3-19 隐蔽工程

3）墙地砖铺贴。瓷砖、水泥等材料进场，厨房、卫生间做防水处理，铺设墙地砖，完工养护（见图3-20）。

图3-20 铺装工程

4）木质构造与家具。木质工程材料进场，吊顶墙面龙骨铺设，面板安装及制作，门套窗套制作，墙面装饰施工，木质固定家居制作，木质构件安装调整（见图3-21）。

图3-21 木构工程

5）涂料涂饰。涂料材料进场，木质构件及家具涂装施工，壁纸铺贴，顶面和墙面基层抹灰并涂饰，清理养护（见图3-22）。

图3-22 涂饰工程

6）成品安装。电器设备、灯具、卫生洁具安装，地板铺装，整体保洁养护（见图3-23）。

图3-23 安装工程

7）竣工验收。装修公司与业主对装修工程进行验收，发现问题及时整改，绘制竣工图，拍照存档（见图3-24）。

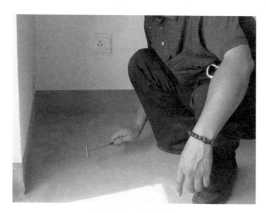

图3-24　竣工验收

3.3.4　装饰施工基本要求

1）装饰施工必须保证住宅结构安全，不能损坏受力的梁柱、钢筋（见图 3-25）；不能在混凝土空心楼板上钻孔和安装预埋件；不能超负荷集中堆放材料和物品（见图 3-26）；不能擅自改动建筑主体结构或房屋的主要使用功能。

2）施工中不应对公共设施造成损坏或妨碍，不能擅自拆改燃气、通信等配套设施（见图 3-27）；不能堵塞、破坏上下水管道和垃圾道等公共设施；不能损坏所在地的各种公共标示；施工堆料不能占用楼道内的公共空间和堵塞紧急出口（见图 3-28）；应避开公用通道、绿化地等市政公用设施；材料搬运中要避免损坏公共设施，造成损坏时要及时报告有关部分维修。

图3-25　不能破坏横梁

图3-26　不能集中堆放重物

图3-27　不能随意改暖气管道

图3-28　装修垃圾指定堆放点

　　3）装修所用材料的品种、规格、性能应符合设计要求及国家现行有关标准的规定；住宅装修所用材料应按设计要求进行防火、防腐、防蛀处理；施工方和业主应对进场主要材料的品种、规格、性能进行验收；主要材料应有产品合格证书（见图3-29）。有特殊要求的材料应具有相应的性能检测报告和中文说明书，现场配制的材料应按设计要求或产品说明书配制。装修后的室内污染

图3-29　材料验收

物，如甲醛、氡、氨、苯和总挥发有机物水平应符合国家的相关标准规范。

🡒 3.4 成功设计案例讲解

在与客户交流中适当和适时地使用已经成功过的案例，是使客户信赖你的设计能力的有效方法之一。一个好的成功案例本身就足以证明你曾经成功签单，证明你是有经验的、有实践能力的设计师。

3.4.1 客户熟悉的装修工程

最有效的成功案例是来自于客户或熟悉的人，例如同一小区、同一座楼，或客户熟悉或了解的户型和生活方式等。当客户知道某些很类似他们的人也请你做过设计并认可了你的服务时，他们便会受到很大的影响。当某人一听到自己认识或尊敬的某人已经跟你签订了家装合同后，他通常也会立刻做出相同的决定，而根本不需要听其他的说辞。因为另外一个类似他的人会满意，那么他也会满意。但是，把握适当和适时更重要，一定不要让客户感觉你是在吹嘘或抬高自己。

3.4.2 样板房参观

陪同客户看样板间也是可以利用的关键点，样板间应当以装修完的房子为主（见图 3-30）。

好的样板间会让客户动心，尤其是客户即将要搬进新居，家具、家电、窗帘都已经布置好的时候，因为这时去看样板间才有真正的效果。在客户看样板间的过程当中，设计师可以解说房屋装修的经过，描述自己陪同客户采购的细节，现场介绍各个空间的家具家电配套情况，从而让客户感觉到你不仅是在帮他做装修，还是在为他打理（建设）一个完整的家居生活。

图3-30　陪客户看样板间

同时，应该注意观察客户，将客户发表的观点加以记录，回去后进行整理和分析。如果客户对样板间比较满意，就要在适当的时候拿出设计协议，让客户签订协议。

3.4.3　正在施工中的工地

最有说服力的就是领客户去看看正在施工中的你设计的方案，并说明一切都在进行之中，符合你当初的设计和工艺、材料、预算；一些工艺节点和结构应栩栩如生地展示在客户面前，一些能够说明风格和个性特点的造型、材料剖面也应烂熟于胸。

设计师如果能向施工队和工人详细地讲述设计工艺、材料、预算等，也就能间接地向他们展示公司的品牌和形象。

3.4.4 最近的设计方案图样（包括图样、效果图、工程文件等）、家装客户名单以及实景照片

这是所有设计师都认为最能够影响客户的一种形式。当你和新的客户打交道时，拿出一套或几套设计方案以及能证实你设计或服务价值与品质的实景照片或客户名单、小区地址，其实是在向客户提供一种信任感。

有的设计师在完成一个大型住宅区内某个客户的家装设计方案或家装工程后，假如获得客户的赞誉，这时，有经验的设计师就会把这次工程当成标杆。但是，千万记住，一套作品只适合一位客户，不要反复拿一个作品向其他的客户推荐，家装设计方案是因为有个性才有价值。

3.4.5 发表过的作品、获奖作品、个人博客的论文或设计心得

一些设计师把这些视为荣誉，其实这些也正是设计思想、实力和值得被信赖的证明。知名度体现一个人在公众面前的形象，体现一个设计师被社会承认和接受的强度。不炫耀，但是要让客户知道，这是交流的技巧。过度炫耀会吓跑客户，太有名气也会拉开与客户的距离。已经发表过的作品不要再用在你现在的客户设计方案中，即使客户强烈喜欢和赞赏，你也一定

要为他的生活进行新的设计。

3.5 带领客户参观施工现场

在选择装修公司时，有经验的客户会到装修公司的施工现场去看一看，由此可以看出这家公司的管理水平、施工质量和工人素质。同时，客户在充分了解设计方案后，设计师也会主动带客户参观自己参与设计或正在施工的现场，从而真正赢得客户的信任。所以，在正式参观之前，设计师要逐一对比公司的现场管理制度是否真正落实到位了。

3.5.1 施工现场标识规范

1）施工现场应有"管理标示牌"，标示牌内容要写明工程项目名称、施工企业名称、开工和竣工日期、施工项目负责人及其联系电话、咨询投诉电话、办公地址等（见图3-31）。

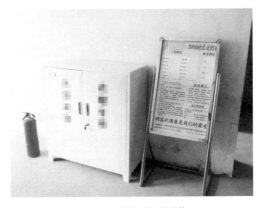

图3-31 装修现场说明牌

2）现场应设置《施工进度表》《施工现场管理措施》《施工现场安全措施》《巡检登记表》等标示牌。其中，《施工进度表》应明示各阶段的施工计划进度，包括各阶段的项目负责人和验收日期等。公司巡检人员每次巡检应登记巡检记录。这些公示牌并不只是"形象工程"，它的内容既是对施工人员的自我提示与警醒，又方便业主对照检查。

3.5.2　施工现场管理规范

1）材料管理措施。所有材料应选择合适位置分类整齐堆放，保证不受污染和损坏。严禁超荷载集中堆放材料，如水泥堆放不应过分集中，易造成墙体负重超载。

2）工具管理措施。施工工具应整齐摆放在操作区，零散工具应装在工具箱内。电动工具用完后应及时切断电源，放回原处。

3）环境保护措施。进场施工前应对业主的物品进行必要的防护，门窗、煤气表要进行包裹防护，管道、预留口、地漏进行封口保护；施工的中后期应对窗台、地面、玻璃、橱柜、造型、现场制作的家具等进行保护。易损品应设置防磕碰提示。

3.5.3　现场文明施工规范

1）施工人员应统一着装，佩戴公司标牌和施工出入证（见图3-32），保持衣物干净整洁统一，遵守物业公司的管理规定（见图3-33）。

2）施工人员应保持个人卫生，礼貌待人。禁止在现场发生吸烟、酗酒、吵架、赌博、赤膊、赤脚等不文明行为。

图3-32 施工出入证

图3-33 施工人员统一着装

3）施工人员应保持工地整洁，产生的垃圾要装袋并及时运到小区的指定地点。

4）施工人员不得在工地洗衣、做饭和住宿。

5）施工人员应保持卫生间的清洁，严禁向下水管倾倒材料。

3.5.4　现场安全措施规范

1）施工时不得破坏建筑的承重结构，严禁损坏房屋保温层，不得擅自拆改煤气管道和上下水设施。

2）施工中破坏卫生间、厨房地面的，需重新做好防水层，并进行 24 小时闭水试验。不得在未做防水层的地面上蓄水。

3）每个工地应配两只干粉灭火器，并定期对灭火器进行检查（见图 3-34）。

图3-34　施工现场配备灭火器

4）在施工中，要使用安全插座和专用护套线，不得乱拉电线或用裸线当开关。当天收工离开时要关闭门窗以及总电源开关、水源总阀门。

5）电路改造施工人员应持证上岗，电路改造和通电安装时应避免其他工种同时作业。进行停电作业时，开关处应悬挂"有人作业，禁止合闸"的警示牌。改造中的电路线头和开关要做好防护措施。

6）调制挥发性制剂时应保证通风，避免附近有明火出现，避免与电焊同步施工。喷漆时，工人应戴防护口罩。

7）室内工地的工作面高于 2 米时要采用脚手架，同时要戴安全帽，防止材料、工具坠落伤人。

如果一家装修公司的施工现场管理规范，客户至少会觉得这家公司是比较正规的装修公司，再通过其他环节了解装修公司的口碑、以往的施工案例等，基本就可以判断要不要找这家公司来为自己装修了。

因此，让客户看到公司的工程管理，并让他们对公司的工程管理放心是非常有必要的。

3.6 巧妙运用网络与设备

3.6.1 利用网络学习设计知识

1）浏览网络信息与网课学习：设计师可在闲暇时间通过网络浏览最新的设计资讯和流行趋势，同时也可以通过观看设计视频、参加设计类网络课程学习来提升自己的专业水平。

2）观看影视作品：现代影视作品中各种住宅空间的布置效果，也能在住宅装饰设计方面给设计师一些提示。如果设计师能够珍惜这些机会，细细琢磨其中的微妙之处，那么对于提高设计品位、设计水平和空间意识，必将产生极大的推动作用。比如在实际工作中，设计师可能会遇到一些想做现代欧式住宅风格装修的客户，而设计师根本没有去欧洲观摩的机会；这时，通过网络反复观看某个欧洲国家的现代影视作品，就可以对其中的某些室内场景进行借鉴，即使我们是为那些在欧洲生活过多年的客户提供设计服务，这种做法也同样能够得到他们的认可。

3.6.2　利用网络接单

1）首先要了解，最好要精通自己公司的业务。这一点尤其重要，如对公司都不熟悉的话，肯定会在和客户交往的时候很被动。

2）有重点地找好平台并发布相关的供求信息之后，就会有不少的咨询。这些咨询有有用的，也有没用的。为了节省时间、提高效率，要有选择地进行回复。但回复了并不是万事大吉，可能会有好多的客户给你发了咨询，但是你给他的回复他并不一定能够看到；即使看到，也不一定就有印象。所以这只是万里长征开始第一步。

3）有的设计师除了自己主动去寻找客户并达成合作的单向形式外，还会在设计资讯页面里面开发专栏，充分展示自己设计实力。例如"土巴兔""猪八戒网"等。客户可以通过设计师空间来选择设计师，这不仅仅为设计师充分展示自己的设计实力提供了平台，并吸引了设计需求者，还充分提高了设计师接单的效率。

第 4 章

深入沟通志在必得

4.1 调整情绪与心理状态

情绪和心理状态是影响设计师谈单签单的一个重要因素，出色的设计师总是善于管理自己的情绪，并调动客户的积极性，引导客户的消费观念，取得客户的信任，最终实现签单。因此，设计师在与客户谈单时需注意以下几种情绪的调整，尽量将自己最佳的精神面貌展现给客户。

4.1.1 谈单从准备好"不成功"开始

作为设计师，我们必须一开始就清楚家装设计接单的困难。设计师每天都和不同的家装客户打交道，各式各样的客户有着各种目的和需求，并不是每位客户都是来找你做家装的，也并不是每位客户都要签单。即使是老设计师，也经常不成功。请记住，应付任何困难的第一步都是去接受"可能不成功"这个现实。

因此，设计接单谈单时需要信心、能力、勇气、智慧、努力和技巧，而所有这些都不是一次或一天就可以养成的。

> "接单从不成功开始"说明设计师首先要保持的良好心态，这是一名优秀的设计师今后如何成功接单的第一课。

4.1.2 准备好帮助客户，免费提供业务咨询的心态

设计师从事的就是这样一种崇高的可以帮助人的职业，客户坐在你面前，很可能就是咨询，问问聊聊，了解一下市

场行情。现在没有那么多家装客户为装修发愁，什么风格、什么颜色、用什么材料、怎么省钱等，他咨询任何一个公司设计师都会得到热情接待和认真解答，他也许需要的就是最简单的帮助。

而你的设计方案、你的装修知识和你的专业技能恰恰是你的客户并不急于需要的，能否认识到这一点，对设计师能否保持良好的心态非常重要。

4.1.3 使自己的心情达到良好的状态

设计师接待客户的过程从某种程度上说，也是一个推销自己的过程，在没有与客户建立交流和信任之前，你的水平和你的经验都处于向客户推销的状态，所以首先要推销自己，你的穿着、言谈、一举一动都影响着你的客户。

你是否积极、认真、自然，你是否具有经验和能力，你是否可以成为客户信任的设计师，完全在于你自己的心态。你控制了自己的心态，就能控制对方的情绪，也就主导了谈单过程。情绪不能立即作用于理智，但情绪总是能立即作用于行动。

> 始终保持平和的心态和认真的信念，是设计师成功接单的关键。

同时，在第一次谈单的过程中，应尽量给客户留下一个比较深刻的印象。就算只谈概念、谈设计，也要谈出与客户的联系和感情来。

4.2 约见客户前的准备工作

在正式约见客户前，需要做好前期准备工作。在这个问题上，有两方面值得关注。

4.2.1 硬件环境

硬件环境值得关注，是因为这是公司给客户传递印象信息的第一载体。

1. 公司形象

公司规模的大小、企业文化内涵的表达以及公司品牌的定位等相关信息都是通过公司的外部形象第一时间传递给客户的。所以，维护工作环境的整洁舒适也是成功接待客户的有效铺垫。

2. 一切有利于销售的物品

要准备约见客户时需要用到的物品，如名片、资料、作品等。

4.2.2 软件准备

1. 专业形象

专业形象包含三方面：一是外在形象要专业，二是商业礼仪要专业，三是沟通的内容要专业。总之就是要让客户感觉你就是专家，让他信服于你。

（1）外在形象

设计师在外在形象上应该保持头发整齐、面带微笑、服装得体。最好的形象是职业形象，可以穿着工作服，佩戴胸卡或胸牌；女性设计师要化淡妆，带着公司的手提袋，内放相关的资料或文件。职业形象给人以干净利索的感觉，而且能很快带领客户进入职业状态。

（2）商业礼仪

专业的商业礼仪将能为设计师的个人形象增色。因此，设计师应注意，走路的姿势要端庄，见面要给客户深鞠一躬，主动握手致意，双手递上名片（见图4-1），脸上露出浅浅的笑容；说话要用普通话，声音亲切得体，语气不卑不亢；沟通时站立的姿势要正，分别时主动和客户握手。这样才能像客户展示你是专业的。

图4-1 双手递名片

（3）专业沟通

专业沟通体现在专业词汇和家装知识普及两方面。设计师要尽量使用专业的家装术语。当客户不懂时，设计师也可以用通俗语言来解说，但要杜绝使用一些方言。设计师可以专门对客户普及家装知识，也可以在沟通中普及，这要看现场的情况而定。设计师可通过表述设计风格、空间、功能、色彩、施工流程等多方面的专业知识，来塑造自己的专业形象。

2. 心态调整

作为谈判一方的设计师，其自身能力素质的高低是关键因素，所以设计师要不断学习，不断自我提高，同时保持专注、认真的精神面貌及平和积极的心态。

设计师每天要面对很多客户，也不是客户见的唯一的设计师，在很短的时间内就会给客户留下印象，优劣也就产生了。所以设计师要用最饱满的状态来迎接客户，状态不佳时应主动向负责人说明，并交由其他设计师接待。要知道，保证团队的利益就是保证自身的利益。

3. 掌握技巧，事先模拟

你要拜访哪里的客户、什么样的客户，你要说什么、他会问什么，出现不利因素你怎么处理。正所谓不打没准备的仗，谁准备得充分，成功的天平就会偏向谁。

设计师可以事先设想并提炼出客户的问题，模拟一问一答的方式来加强练习，打有准备之仗。

4. 辨别消费者类型，确立客户需求

研究客户心理是设计师实际了解工作中应该怎么做的必要方法。应事先对不同客户的性格进行归纳分析，以便在正式约见时对症下药。

（1）豪爽型

这类客户是外向而具有工作导向的人。他们最关心的就是底线、目的及任务达成。他们往往没有耐心、直截了当，而且讲求重点。对细节没有兴趣，要的是直接答案。为这种客户设计家装，是最令人省心的，他要就要，不要就不要。价格上也比较爽快，只要你出价合理，几乎不用怎么谈判就能很快定下来。但是一定不要欺骗这类客户，出现问题应及时承认和改进。

（2）得寸进尺型

这类客户总想占一点便宜，即使到最后，也仍要让你做出让步。与他们打交道，你要做好充分的准备。此外，这类客户不会轻易离开，因为他非常在意得到的好处，所以可以采用类似"车轮战"的方法，一两个设计师加上经理轮番和他谈，争取让他首先疲惫而接受结果。

（3）领导型

这类客户个性外向，具有强烈的人际关系导向。他们通常都会滔滔不绝地指挥设计师，具有高度的成就感导向，热爱权力和影响力。和这种客户签单，你必须加快脚步，提高工作效率。他们的脾气比较急，你必须将重点放在他的身上，并且对他的成就印象深刻。你必须强调你的装修方案完工后能使他赢得更大的成就感。

（4）老好人型

和这类客户交谈的时候，要把步调放慢，要有耐心，并且观察细微，客户需要汇集很多咨询以及别人的鼓励才下得了签单的决心。这类客户是催不得的，如果你说话太快或者坚持要求客户迅速做出决定，就会变得不自然，一定要温和、友善和耐心。另外，在他们面前一定要显示出自己是装修专家，让他听你的。

（5）斤斤计较型

这类客户也是性格内向的人，最在乎的就是精确和细节，但这类客户的好处是比较守规矩和讲道理，说话算数。因此在给他介绍方案的时候，细节一定要非常明确。只有当他们完全确定了每一个方面，每一个细节都没有失误的情况下，他们才会安心地做决定。

（6）极端冷漠型

这类客户较挑剔，往往难以相处，例如他可能经常找茬，但又不打算签单。对于这种客户，不用过于热情，你只需要客观地告知合理的报价即可。

🔽 4.3　控制交谈语速

语速控制是指控制自己说话的速度。控制自己说话的速度有利于与客户顺利交流。适当地放慢语速，给客户留下领会的时间，可以让客户更加清晰地了解我们的意图；逐渐加快语速，可以有效地控制洽谈时间，减少客户的不耐烦情绪。因此，有效控制语速，是保证设计师与客户洽谈质量的重要因素之一。

控制语速，需要我们在日常工作、生活和学习中进行强化训练。语速控制训练的方法很多，不同行业有着不同的训练方法和训练内容。

朗读和背诵一些住宅装修施工工艺标准、各种装饰材料的介绍资料等是住宅装修专业人士训练自己的语速控制能力的一个极其有效的方法。

这样做的优点是，在快速掌握专业知识的同时，也能训练自己的语速控制能力。如果再学会一些"绕口令"，就会使自己的语言表达能力进一步加强。在与装修客户的交谈过程中，有效进行语速控制，将有助于加深客户对设计师的了解和信任，进而帮助设计师树立起装修专家的形象。

控制语速不是一件难以做到的事情。语速的快慢是相对的，放慢语速其实就是用正常节奏说话，在每句话之间加以适当的停顿；而加快语速也只不过是比平时说话的节奏快一点点而已，每句话之间停顿的时间较短或不停顿。但是需要注意的是，不论是放慢语速还是加快语速，都需要咬字清楚、吐字顺畅，绝不可以拖泥带水。

1）放慢语速的适用范围：介绍公司基本情况时，介绍自己以往的设计业绩时，回答客户的提问时，讲解设计方案时，介绍装修知识的初期阶段，讲解合同条款时，因为这些时间段都是要给客户足够的思考和接受的时间。

2）加快语速的适用范围：详细介绍装修知识时，介绍和装修关系不大的事情时。

适当地把握好谈判中的讲话速度，才能控制住谈判的进展节奏，也就等于牢牢控制住了谈判的主动权。

4.4 交流的技巧

4.4.1 交流中的叙述技巧

在与客户交流的过程中，应严格约束自己，也就是既不能信口开河，又不能把对方想知道的东西在不恰当的时候告知对方。为了准确表达自己的观点与见解，而且想要表达得有条理、恰到好处，就必须有叙述的技巧。

叙述是什么？叙述是介绍自己的情况，并阐明自己对某一问题的看法，使对方了解自己的观点和立场。

另外，谈判中应该坦诚相见，不仅把客户想知道的家装常识告诉对方，还应适当地表露自己的某些想法。

"坦诚相见"是获得对方信任的唯一方法，因为人们往往对比较坦诚、诚恳的人有好感。同时，"坦诚"应具有一定的限度，客户可能会利用你的"坦诚"，在价格上逼你让步。既要坦诚，又要做到心里有底，有一定的尺度。

4.4.2 叙述问题的几个要点

1）至少让客户明白你的意思。因此语言要简明，不要故作玄虚，不要耍嘴皮子，让客户摸不着头脑。

2）要少谈及与主题无关的话题，因为这样容易引起对方的反感。自己不清楚的问题也尽量少谈。

3）双方沟通是件轻松的事情，切记不要搞得很严肃，但也不要过于夸张。

4）要引用自己的主题，把话题转向对自己有利的一面。

4.4.3 交流中的叙述用语技巧

1）转折用语。当沟通时遇到难以解决的问题，或者接过对方的话题转向有利于自己的方面，都要用转折用语，如但是、虽然如此、不过等。这种说法有利于防止气氛僵化，既要不让客户感到难堪，又可以使问题向有利于自己的方向转化。

2）解围语言。当沟通时出现困难，无法达成共识时，可运用解围的用语。如"真遗憾，只差一点点"或"这种做法，对您我都不利"等。

3）弹性用语。对不同的客户应运用不同的说话方式。如果对方很有修养、语言文雅，我们也要采取相似的语言，谈吐不凡。如果对方的语言朴实无华，那么我们也不需要过多修饰。如果对方说话爽快、耿直，那么我们也不需要迂回曲折，可以打开天窗说亮话。总之，在沟通中要根据客户的学识、气度和修养随时调整自己的语气。

4）不能以否定的语言结束交流。在人的交流中，往往第一句话和最后一句话能给人留下深刻的印象。如，"您的意见很好，我会努力改正方案的。""您的想法和我一样"。

4.4.4 交流中的提问方法

在与客户沟通时，适当地进行提问，这是发现对方需要的重要手段。

如果想做一次成功的设计案，就应该了解客户的真实需要，设计师就必须运用各种技巧和方法来获得更多的客户信息，这样才能真正了解客户在想些什么。

提问是最好的途径，应尽量向消费者表达更多的信息，引起对方的思考，从而主导对方的情绪和谈话内容。同时，提问时切忌随意性和威胁性，从语言到语气，提问前要仔细考虑。

4.4.5 提问的作用

1）引起客户的注意。如，"如果……那就好了，对吧？""您能否再向我阐述一下……"

2）可获得更多的客户信息。这种提问一般有典型的字句，如"什么""能不能"等。举个例子，"什么品牌的地板，您觉得更适合？"

3）借助提问向客户表达自己的用意，如"您为什么不考虑我们呢？"

4）激起对方的思维活动。如"对这个设计，您有什么意见？"

5）用于做最后的结论。借提问将话题归于结论。如，"王先生，下一步该签合同了吧？""这材料的确很好，您说呢？"但是，提出某个问题可能会无意中触动对方的敏感之处，使对方产生反感。

4.4.6 交流中的回答技巧

回答好客户提出的问题其实是不容易的事情，应注意以下几个问题。

1）不要急于彻底回答客户的问题，应对回答的前提加以说明。如：某客户问玄关的价格，你可以通过告知材料和工艺上的不同来告知其价格不同。

2）尽量不要确切回答对方的提问，回答问题时也给自己留有一定的余地。例如，"也许您的想法是对的，不过我非常想了解您的理由。"

3）减少客户追问的兴致和机会。如：这个问题暂时还无法解决，您放心，我马上会给您一个答复的；现在讨论灯具的样式还尚早，因为设计方案还未定下。

4）给自己充分的思考时间。当客户紧紧追问你还未考虑成熟的问题时，你不必焦虑，而应明确地告诉他自己需要一定的思考时间并会尽快给他一个答复。

5）不轻易作答。客户有时会提出一些模棱两可的问题，意在摸清你的底线，这时要清楚地了解对方的用意，否则会使自己很被动。

4.5 适度把握合理的气场

语言的气势是影响他人最有力的武器之一。而声音作为人与人交流的基本形式，是气势传递的有效工具。因此，在谈单签单的过程中，设计师语言上的气势，一呼一吸的把握都能影响客户最后做出的决定。合理气场的运用主要表现在以下几个方面。

4.5.1 自信

自信是成功人士必备的优点。成功的设计师自然也不例外。只有充满强烈的自信，设计师才会认为自己一定会成功。心理学家研究得出，人心里怎么想，事情就容易按照所想象的方向发展。设计师应当持有相信自己能够接近客户并说服客户的信心。

成功的设计师人际交往能力特别强，只有充满自信才能够赢得客户的信赖。

4.5.2 知识强

营销制胜的重要因素之一就是要有极强的专业知识。优秀的设计师必须先要掌握大量的知识，这其中既包括专业知识，又包括其他各个方面的知识，比如对各种设计风格的理解与认识；如果知识丰富，就能在最短的时间内给出客户最满意的答复，赢得客户的信任。

4.5.3 言简意赅

作为一名设计师，不管设计怎样的空间构架，都是依从逻辑的方向，即使用的指向。所以只有想使用者之所想的设计才是最完美的，也是客户最满意的。优秀的设计师在做方案解说时，善于运用简报的方式，言简意赅，准确地提供客户想知道的信息，在营造轻松愉快的氛围的同时，又能精准地回答顾客的问题，说出顾客希望的答案。

4.5.4 擅长处理反对意见

擅长处理反对意见，转化反对意见为方案的卖点是气场培养的有效方法。

家装市场的竞争非常强烈，顾客往往会有多种选择，这就给每一位设计师带来了很大的压力。要抓住顾客，设计师就需要善于处理客户的反对意见，抓住顾客的心理及签单信号，让顾客能够轻松愉快地签下订单。

➡ 4.6 怎么说服客户

4.6.1 自己确定自己是对的，而对方就是不服，这时就应运用一些说服技巧

但是，不要因为没有考虑到对方的心理，而无意中刺伤客户的感情，所以应坚持一定的原则。

1）不要只说自己的理由。

2）研究客户自己的需求。

3）揣测客户的心理。

4）不要急于奏效。

5）消除客户的戒心。

6）改变客户的成见。

7）了解客户的特点。

8）寻找双方的共同点。

9）千万不要批评客户的意见。

10）态度要诚恳。

11）不要过多地讲大道理。

12）要注意场合。

13）不要把自己的观点强加于客户。

14）巧用相反的意见。

15）承认客户"说得很有道理"。

16）激发客户的兴趣。

17）考虑自己的下一句话要怎么说。

4.6.2 通过交流，可以把谈客户技巧归纳如下：

1）开始时，要先讨论容易解决的问题，然后才是容易争论的问题。

2）尽量把正在解决和已经解决的问题连在一起考虑，容易达成共识。

3）不失时机地传达信息给客户，影响客户的想法，进而加速谈单的过程。

4）如果觉得有两个重要信息要传达给客户，一个是他乐意的，一个是他不乐意的，则应该先让客户接收他乐意接受的。

5）若客户明确你和他站在同一个立场上，则更能使他接受你。

6）强调有利于客户的条件，这样才能使客户有安全感。

7）先透露一个使客户好奇且感兴趣的信息，然后再谈不便解决的问题。

8）同时谈一个问题的两个方面，然后加以对比，这比单一谈一个方面更有效。

9）讨论过两方面的意见后，再提出自己的意见。

10）一般人对谈话的头尾部分印象较为清晰，中间部分则记不太清。

11）结尾比开头更能给客户留下印象，特别是当他们并不了解新讨论问题的实质时。

12）让客户做出对某一问题的结论时，不如自己先清楚地说出来。重复地说明一个问题更能促进对方了解和接受。

13）讲某一问题时应先说利再说弊。最根本地来说，设计师站在客户的立场上并满足对方的需求，就能说服他。强调利益的一致性比强调利益的差异性更容易提高对方接纳的可能性。

⊃ 4.7 价格决定一切

客户主动谈到价格，并说公司价格有点高，就表示他想签单，但中间有一个价格问题，所以设计师要把握时机，适时搬开这个"拦路虎"。客户谈价格，大部分情况下表示他已经有签单的意向了；如果客户不谈价格或说我再看看，就表示客户意向不高，或是想多看几家装修公司。

所以，当客户谈到价格时，设计师要把握机会。一方面和客户谈家装公司价格的组成部分，明确表示价格和品质是紧密相关的；另一方面可以给客户施压，例如询问价格低一些可以定下来吗？客户多半是会同意的。如果客户说还是贵了，设计师可以说如果您现在就定，我就去问一下经理，这样就把客户逼到了签单的边缘。

4.7.1 了解客户的消费价位

通过交流可从侧面了解客户的经济状况、消费能力及喜好风格、装修意愿等。要尽可能多地去沟通了解，然后大概报出装修风格和所需费用，然后观察客户反应，并及时做出调整。

4.7.2 谈价方法

1. 将家装客户的注意力引向相对价格

设计师应努力将客户的注意力引向相对价格，而不是过多地考虑实际价格。

所谓相对价格，就是与价值相对的价格。

> 一般来说，设计师不应一味地与客户就价格讨论价格，而是应该让客户认识到价值。

当客户迫切需要家装解决方案的时候，就不会过分地计较价格，所以一定要让客户觉得你的设计是他最为迫切需要的。

此外，当客户拿着其他公司的低价报价单时，一定要指出低报价的原因以及差距在哪里，并解释这些差距会影响装修效果、装修质量、使用寿命和后续保修。

2. 要让客户感觉到花费的每一分钱都是看得见的

很多客户在和跟设计师砍价，其实并不是想省钱。他们在来装修公司前就已经准备好了一笔钱，他是一定要把这笔钱花掉的。因此设计师要有信心，认定自己最适合解决他的装修问题。帮助客户花费掉这笔钱的一个重要方式就是要让客户感觉到每一分钱都被用在了有用的地方。

3. 优惠及赠送的方式

讨价还价中，让步是必不可少的，但是速度要慢、幅度要小，要像挤牙膏似的一点点降价。因为在谈判过程中，一般客户心里都是有时间限制的。当几个回合的小额讨价还价之后，大部分客户都会接受事实了。

降价的时候一定要遵循"速度慢、幅度小"的原则，尽量将话题转移到质量、设计特点和给客户带来利益的方面。

强调公司的承诺，及其给客户带来的全新感受和满意的后期服务。

第5章

签单前后的细节把握

5.1 审读合同细节

　　家装合同一般称为"家庭居室装饰装修施工合同"，是由装修公司与客户之间为顺利、圆满完成双方约定的家装工程所签订的关于双方权利与义务的书面协议。从法律角度说，它既是一种承揽合同，也是一种建设工程合同（见图5-1）。

图5-1　家装合同及附件

　　因此，作为家装公司签单的主要人员，设计师要对合同有充分把握的能力，除要对合同内容非常熟悉之外，还应正确把握签订合同的流程和审读合同的能力。

　　在客户有意向签订合同的时候，设计师要提前准备好相关资料，把合同及其全部附件（包括图样、预算、材料单、质量标准等）准备齐全，以免签合同时手忙脚乱。

一般来说，签订合同的流程如下：客户沟通→达成意向→准备资料→合同解说→签订合同→签订附件→递交合同→合同存档。

在签订合同前，一定要让客户通读合同，充分理解合同的各项条款。必要时，设计师还要向客户详细解说合同。合同附件是合同的一部分，甚至比合同本身还重要，因此，附件内容也一定要和客户详细说明，并提醒客户充分理解。

签订合同的同时，应将合同所有附件一并签订。签订完毕后还要再检查一遍，看有无漏签的文件或地方。

另外，设计师应准备好档案袋，将与客户签好的合同及附件整理好装进档案袋中，并请客户确认无误后转交给客户一份，提醒客户妥善保管好合同。设计师签订合同后，应在第一时间将合同递交公司主管人员存档，以免丢失。

在签订家装合同时，由于条款多且杂，其中不仅有很多有关装修的专业内容，而且还包含了不少法律方面的内容，稍不注意就会引起纠纷，所以要特别注意以下几个合同上的细节，这些细节都是容易出现纠纷的地方。

5.1.1　合同主体不明晰

合同中应首先填写甲方、乙方的名称和联系方式。很多公司只盖一个公司名称的章，但应必须要求装修公司将内容填满，并进行核对，还应注意签订合同的装修公司的名称是否与最后盖章的公司名称一致。必须明确二者之间的关系，并在合同上注明。如此做的理由是，一旦发生纠纷，装修公司有比较完整的法人登记情况，以便将来省去查询的麻烦，而且能够找到确切的责任承担者。

5.1.2 合同附件材料不全

经双方认可的预算报价、施工工艺、工程进度表、材料采购单、工程项目、设计图样等都是装修合同的重要附件材料，装修公司在与装修业主签订装修合同时，这些附件材料要齐全，不然会留下隐患。

> 一份比较严谨的施工计划表也是保护业主权益不可或缺的合同附件。

现在很多家装合同对于合同甲乙双方的材料采购单都不太重视。尽管合同里进行了一些规定，但是大多比较粗浅，主要反映在对于材料的品牌、采购的时间、验收办法以及验收人员等方面没有做出明确规定。因此，为了消除客户的担忧，在合同附件中不要有遗漏。此外，业主对一些施工项目的造型理解存在疑问，由于没有特别详细的图样，因此设计师和业主在理解上会有一些差距。有的项目由于图样不明确，在具体尺寸上也会存在差距，这些要在签订合同前沟通好，在图样上强化标注，严格按照签字认可的图样进行施工。

5.1.3 工程变更条款

对工程项目要认真核对，以免业主担心装修公司在工程后期趁机漫天要价。因此，如果需对原合同进行变更，就必须与业主协商一致，并签订书面的变更协议，与此相关的工期、工程预算及图样都要做出变更，并需双方签字确认。

5.1.4 材料验收与使用

目前，大部分装修公司都建议业主选择包工包辅料的形式。那么在材料供应上，双方都应负一定的责任。业主要按约提供材料，并请装修公司对自己提供的材料及时进行检验，并办理交接手续。装修公司无权擅自更换装修业主提供的材料，如果发现问题应及时协调，采取更换、替代等补救措施。

5.1.5 施工管理

在预算报价中，装修公司都会收取管理费，收了钱就应该负起责任。装修施工现场一般由项目经理负责协调，装修公司还应该指派巡检员定期到场视察，同时也起到监理的作用。家居装修一般不会聘用第三方监理，因此在合同中要明确巡检员和设计师到场巡视的时间，这对工程的质量尤为重要。巡检员应该每隔 2~3 天到场一次；设计师也应该 3~5 天到场一次，看看现场施工结果和自己的设计是否符合，同时起到监督施工员的作用。

5.1.6 质量验收标准

目前，各省市都制定了一些关于家装工程管理规定，在装修验收时，要以当地制定的工程质量验收标准为准，并在家居装饰合同中进行约定。如果当地没有相关标准，就应该参考其他城市已定的标准。如果合同中不做规定，一旦出了问题，就很难处理。

5.2 预算报价与成本核算

一提起预算报价，许多刚进入装修行业的人都是一头雾水，被密密麻麻的数字给弄晕了，本以为越详细的表格就应该越清晰，谁知这复杂的表格会令人不知所措。因此，设计师要在工作中不断培养自己的预算与报价能力。

5.2.1 预算报价概念有区别

预算与报价其实是两个完全不同的概念，从字面上就可以分析得到。预算是指预先计算，即在装修工程正式开始之前所做的价格计算，这种计算方法和所得数据主要是根据以往的装修经验来估测。不过，现在绝大多数装修公司给业主提供的都是报价，这其中要隐含利润，若将利润全盘托出，又怕业主接受不了，另找其他公司。所以，现在的价格计算只是习惯上称为预算而已，实际上就是报价。它主要包括直接费用和间接费用两大部分，并且有严格的计算方法。当然，业主自行选购的材料不在预算报价中（见图5-2）。

5.2.2 直接费

直接费是指在装修工程中直接消耗在施工上的费用，主要包括人工费、材料费、机械费和其他费用，一般根据设计图样将全部工程量（m^2、m、项）乘以该工程的各项单位价格，从而得出费用数据。

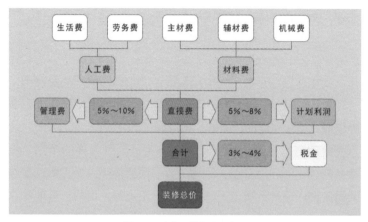

图5-2 家装预算构成示意图

人工费是指工人的基本工资，需要满足施工员的日常生活和劳务支出；材料费是指购买各种装饰材料成品、半成品及配套用品的费用；机械费是指机械器具的使用、折旧、运输、维修等费用；其他费用则根据具体情况而定。例如，高层建筑的电梯使用费，增加的劳务费，这些费用都将实实在在地运用到装饰工程中。

以铺贴卫生间墙面瓷砖为例，先根据设计图样计算出卫生间墙面需要铺贴 18.6m² 墙面砖，铺贴价格为 50 元 /m²，这其中就包括人工费 20 元 / m²，材料费（黏胶剂）18 元 / m²，机械费及其他费用 12 元 / m²。但是瓷砖由业主购买，不在此列。这样的计算方法为 50 元 /m² × 18.6m²=930 元，即铺贴卫生间瓷砖的费用为 930 元。

直接费的价格后面是材料工艺与说明，这里面一般会详细写明这个施工项目的施工工艺、制作规格、材料名称及品牌等信息，文字表述越详细越好。

5.2.3 间接费

间接费是在装饰工程中组织设计施工而间接产生的费用，主要包括管理费、计划利润、税金等，这部分费用是装修公司为组织人员和材料而付出的，不可替代。

管理费是指用于组织和管理施工行为所需要的费用，包括装修公司的日常开销、经营成本、项目负责人员工资、工作人员工资、设计人员工资、辅助人员工资等。目前，管理费收费标准按不同装修公司的资质等级来设定，一般为直接费的8%~12%。

计划利润是装修公司作为商业营造单位的一个必然收费项目，为装修公司以后的经营发展积累资金。尤其是私营企业，获取计划利润是私营业主开设公司的最终目的，一般为直接费的8%~12%。

税金是直接费、管理费、计划利润总和的3.6%~3.8%，具体额度以当地税务机关的规定为准，凡是具有正规发票的装修公司都有向国家缴纳税款的责任和义务。

> 严格来说，间接费应该独立核算，且直接费中是不能包含间接费的。

但是管理费和计划利润加在一起达到了20%左右，这使很多业主在心理上不能接受，所以，许多装修公司将管理费和计划利润融入了直接费中，即直接费中隐含了管理费和计划利润，就演变成报价了，这也是预算与报价的根本区别。至于不收税金就不开发票，一旦出现工程质量问题，业主就很难维权。如果业主待竣工时要求开发票，则装修公司会增收 5%，这也高于国家法定的税金标准。

5.2.4　计算方法

首先，计算出直接费，即所需的人工费、材料费、机械费、其他费之和。然后，就得出管理费 = 直接费 ×（8%~12%），计划利润 = 直接费 ×（8%~12%），并算出合计 = 直接费 + 管理费 + 计划利润。接着，可以得出税金 = 合计 ×（3.6%~3.8%）。最后，总价 = 合计 + 税金。这才是最完整的装修预算计算方法。

决定预算报价高低的因素为：材料的规格档次、装修设计使用功能、施工队伍的水平、施工条件好坏和远近、施工工艺的难易程度等。

装修公司的预算报价只要注意以下四个方面的细节即可。

1）单项施工价格。

2）工程量：查看有没有虚高或不准的数据；对于工程量大的项目，如墙面乳胶漆、瓷砖铺贴、衣柜制作等，设计师需多计算几遍。

3）施工项目：注意检查有没有漏掉或重复计算的项目。

4）材料工艺说明：仔细阅读材料工艺与说明，确定材料名称、品牌及规范的施工工艺。

需要注意的是，签订合同时，报价单各项累计必须准确，报价单总金额与合同总金额必须一致；报价级别必须准确；报价单上的客户姓名、开竣工日期、联系电话、工程地址必须与合同一致，并应详细、工整。

报价中多项、漏项和工程量增、减量相加不得超过合同总金额的5%。补充报价中特殊的、把握不准的项目必须请示工程管理部。

5.2.5 成本核算

至于成本核算，一般是在装修完毕后进行，前期施工时，一般配有装修工程项目成本核算表，包括各项人工费、材料费等，方便后期核算。在核算过程中一定要准确到位，需要注意的地方如下：

1）有无额外增加项目和额外款项。

2）与合同上的价格进行对比。

3）核算装修面积。

装修都是按使用面积计算，而非按建筑面积计算，核算时应再核对采用的是建筑面积还是使用面积（见图5-3及图5-4）。

图5-3　建筑面积

图5-4　使用面积

5.3 施工进度与安排

装一套房子，整个装修过程的各个环节需要多长时间，每个阶段该准备些什么，都属于施工进度与安排中的内容。在正式施工时，装修公司都会提供一份施工进度表，并将它张贴在施工现场，整个施工过程都是严格按照此表的进度安排实施，既保护了业主的权益，又可解除其害怕延误工期的担忧。

简单来说，家装施工内容一般有基础工程、水电方面的工程、泥工工程、木工工程、涂饰方面的工程，还有就是收尾方面的工程。

5.3.1 基础工程（见图5-5）

根据设计图样拆除墙体，清除旧饰面，重新规划和调整空间。时间大约为 1~3 天。

图5-5　基础工程

5.3.2 水电工程

水电工程材料进场，地、墙、顶面开槽（见图 5-6），给水管路铺设，电路布线（见图5-7），给水通电检测，修补墙面。时间至少为5~10天。

图5-6 墙面开槽

图5-7 电路

注意：在水电工进场以后，就可以请水电工写好开关面板和灯具的清单，以方便业主提前购买。

5.3.3 泥工工程

瓷砖、水泥等材料进场（见图5-8），厨房、卫生间进行防水处理（见图5-9），陶瓷墙面砖铺设，完工养护。时间至少为10~15天。

图5-8 瓷砖进场

图5-9 防水处理

注意：泥工进场做防水时，就要开出瓷砖清单了，瓷砖在泥工进场后 2 天就能进场是最好的，以免拖延工期。

5.3.4 木工工程

木质工程材料进场，吊顶墙面龙骨铺设，面板安装及制作，门套窗套制作，墙面装饰施工，木质固定家具制作（见图5-10），木质构件安装调整（见图5-11）。时间至少为 10~15 天。

图5-10　木质固定家具制作　　　　图5-11　木质构件安装调整

注意：进行到木工工程，洁具（见图5-12）、烟机灶、五金类产品就可以通知业主提前购买了。

5.3.5 涂饰工程

油漆涂料材料进场，木质构件及家具油漆施工，顶面、墙面基层抹灰、涂饰（见图5-13），清理养护。时间至少为 15 天。

图5-12　洁具购买　　　　　　　　　图5-13　墙面涂饰

涂饰完工之后，如果出现部分瑕疵，就还需要打磨、修补、晾干。工期最短也是 15 天左右。

5.3.6　收尾工程

电器设备、灯具、卫生洁具安装，地面材料铺装（见图 5-14），整体保洁养护，竣工验收（见图 5-15）。时间为 5~7 天。

图5-14　地板铺装　　　　　　　　　图5-15　竣工验收

这样算下来，假如是 100 平方米左右的户型，正常施工的话差不多是两个半月的时间。当然，一般情况下没这么理想，不同工种之间的衔接有可能会造成一两天的停工，但也算是正常的。

还有就是若业主主材购买不及时，也可能耽误一些时间，所以正常的家装周期在 3 个月以内比较正常。应尽量在合同内约定好装修时间，然后注意每次都提前购买好下一步要使用的主材，规避因人为原因导致的工期延误。

5.4 设计补充与完善

装修设计补充与完整也叫作"深化设计"，是指在业主或设计顾问提供的条件图或原理图的基础上，结合施工现场的实际情况，对图样进行细化、补充和完善。

深化设计后的图样需满足业主或设计顾问的技术要求，符合相关地域的设计规范和施工规范，并通过审查，图形合一，能直接指导现场施工。

建筑装饰深化设计根据不同设计深度可分为三个层面：

1）在方案设计单位完成方案设计的情况下，由施工单位完成施工图设计。

2）已有施工图但不完备，如结点大样只给出所用材料而未给出具体做法等，由施工单位完成补充设计。

3）设计图样已达施工图要求，但具体实施过程中仍需继续施工细化，主要体现在精装施工方面，如建筑装饰材料排版方案、家具工艺设计、水电空调等安装专业末端定位设计等。

5.4.1 工程变更原因

1）客户要求，例如项目增减、材料变动等。

2）由于设计师没有很好地理解客户意图，造成施工无法满足客户要求，需改动的。

3）工程环境的变化：预定的工程条件不准确，要求实施方案或实施计划进行变更。

4）由于有新的技术和材料，有必要改变原设计、原实施方案或实施计划。

5.4.2 工程变更范围：

1）改变合同中（预算）所包括的任何工作的数量。

2）改变任何工作的质量和性质。

3）改变工程任何部分的标高、基线、位置和尺寸。

4）改动工程的施工顺序或时间安排。

5）其他有关工程变更需要的附加工作。

5.4.3 工程变更程序

1）提出变更（业主提出、设计人员提出、项目经理提出）。

2）工程变更的实施：提出变更后，由监理积极协调相关关系，以书面形式办理相关变更内容，经项目经理、设计人员、客户认可后，方可进行变更项目施工。

5.4.4 费用收取

1）如果业主方提出增减工程，以满足使用功能和美观性，因此而产生的人工和材料费由业主方承担。

2）由于有新的技术和材料，有必要改变原设计、原实施方案或实施计划，该费用应与客户协商解决。

3）工程环境的变化：由于其他不可抵抗因素或是施工条件无法满足，而要求施工变更方案费用，应与客户协商解决。

4）由于设计师没有很好地理解客户意愿或施工质量原因，造成施工无法满足客户要求而需要改动的，费用则由设计师或施工队承担。

需要注意的是，当客户在工程过半前提出加项要求，须先通知设计师，出图并报价，增加增项协议，双方签字后方可进行施工。在交纳中期款时，应支付增项前全款的30%和增项部分的100%。施工队见到收据后方可进行施工。

5.5 成功签单后继续营销

从设计师的角度看，签单分成四个时期，即接触期、洽谈期、施工期与售后期。在这四个时期当中，有一些签单或发展新客户的关键点，设计师如果掌握得好，签单率将会大大提升。

施工期和售后期是吸引现有客户介绍新客户的大好时机，设计师要善于把握，争取成功签单后再获得新的签单机会。

比如，施工工期的开工交底时，设计师可以约定几位准客户去参观现场交底，通过开工动员会或交底仪式来征服准客户；也可以请客户带一些朋友来参观，同时也可让业务员去联系楼上楼下的邻居前来参观开工交底，这都是发展新客户的关键点。

5.5.1 人际关系推荐

关系营销是通过与营销对象创建某种关系，来帮助装修公司完成营销活动并达到开展营销活动的目的。有时候，广泛的社会关系甚至可能成为营销活动能否成功的关键性因素。可以说，开展意义广泛的关系营销也是设计师需要学习与掌握的技能。

1. 老客户资源

设计师可以利用老客户资源来获取新客户信息。此方法的优点是推荐客户价值较高，缺点是资源有限。因此，应要求设计师学会积极建立各种人际关系，发展自己的客户关系网，扩大影响力。这里所说的老客户可以是过去一两年服务过的客户，也可以是最近正在服务的客户。

2. 新客户资源

除了上述老客户资源外，即将服务的新客户也同样可以成为发展更新客户的关键点。比方说，在一个刚交房的新小区，如果设计师联系到一个新客户，就可以动员他推荐自己的同事、邻居和上门参观的住户来公司。一般来说，新客户推荐客户的能力也很强。一个正在洽谈或签单过程中的新客户平均就可以为你推荐 2~3 个新客户。通过这个关系，每年就可以发展更多的新客户资源。

5.5.2 设计师自身主动

1. 学会宣传

设计师不能只满足于做本地市场，还应努力让自己的家装事业做得更大。设计师可以在已经签单成功的客户小区或附近小区内找到合作伙伴，给他们留下一些宣传资料，以帮助吸引新的潜在客户。

2. 建立客户资源网点

与自己的人脉保持不断的联系，才会有人为你介绍客户。对设计师来说，客户资源就是业绩。做家装业务，首先就是要找到更多的客户，谁拥有更多的客户资源，谁就能签更多的单。所以，设计师要积极主动地建设自己的业务渠道，培植自己的客户资源。

一般来说，设计师培植客户资源可以参照下列方法。首先要广泛布局，即广泛建立自己的业务渠道。第一步是对市内楼盘进行搜索，掌握各个小区的交房信息和团购信息；第二步是建立自己的网络渠道，开通自己的家装博客，建立网络咨询点，比如建立一个小区的"家装博客"或者到小区的家装论坛上去发表帖子；第三步是同时结交更多的朋友，在各个小区建立联系人；第四步是注意搜集当月和最近的展会、集采等信息；第五步是随时结交更多的朋友，拓宽自己的人际关系网；最后就是到最近交房的小区进行重点推广。

上述只是签单后继续营销的一些理论，为了真正让各种客户资源成为现实，还必须每天展开行动，去不断丰富自己的渠道，拓宽自己的人脉，更新自己的家装博客和论坛帖子等。

第6章

装修谈单签单实战实录

6.1 初入职场成功签单一套房

今年暑假，大学刚毕业的小王入职了当地一家刚开业不久的装修公司，正式进入了装修行业。

早会培训结束后，小王来到了自己的工位，在计算机上建立了三个文件夹，一个是"客户"，一个是"室内户型集锦"，一个"签单分析"。做完这些工作以后，经理过来说："小王，你准备一下，带些公司资料，今天有个小区交房，你和小刘一起去现场做一下宣传。"小王明白了经理的意思：客户不是等来的，而是自己去争取来的。

他马上收拾了自己的全套资料，和同事小刘一起去了小区。还没到小区门口就看到很多的彩旗和太阳伞，物业公司门前停了很多的车辆，各个公司的业务员和设计师忙着向客户发资料，还有很多太阳能公司摆上太阳能板，地板公司摆上地板展架……但业主们都没有心思去看各种展品，他们都忙着去现场验房。

小王看见很多业务员跟在一对中年夫妇后面，走进了一栋楼。保安开了门，大家都涌进屋子。物业工作人员领着客户在现场验房，查看墙壁、屋顶有无裂缝，自来水、暖气、窗户……小王看见别人都进去了，他在楼梯口停下来，找出自己整理的室内户型集锦，翻到××小屋，找到了该业主家的户型图和户型解读。在其他公司业务员量房时，小王决定上前试一试。

"您好，打扰您了！（小王先给业主鞠了一躬，然后递上早已翻开的户型图）这是您家的户型，我们早已对您家的户型做了装修分析，您看。"（男客户接过户型图）"我最近经常看到你们的广告，你们公司是新开的吧？"女客户问。

"是的，总公司六月份考察了本市，七月份投资开了本市分公司。不过仅仅两个多月，我们就已经成为本市最好的家装公司之一。您看，这是我们七八月份签单的客户名录，这是七月份，一共签单33户；这是八月份，一共签单41户；还有九月份，到现在为止一共签单了29户。我们开业才两个多月，已经服务了100多位客户。同时，我们还推出主材套餐，仅仅两个月，就已经销售了200多套主材。这是我们公司推出的主材套餐说明，您看，这是针对本小区的套餐。"（将套餐手册递给女客户）

"不错，我在广告上就看到你们的主材套餐了，你们总公司是哪儿的？"

"总公司在北京，成立三年，现在已经发展成为5个店，年营业额达到四五千万元，深得客户的好评。来，大哥大嫂，你们再看，这是我们公司八月份的签单作品，这是九月份的签单作品。每个月，我们都会将所有签单的作品装订成册，供客户参观欣赏。像这样的设计展示，在公司内还有近50平方米的设计展厅，展示了近2000幅近年来各类风格的装饰作品。应该说，在本市，我们公司是经营较有特色、管理较完善的家装公司之一。"（夫妇俩接过设计作品集，仔细看了起来）

就在这时，小王看到有个设计师量房就快完成了，心想，他们量完房子，肯定要与客户沟通，如果给了他们这个机会，对我而言就不太有利了，我不能阻止业主与他们沟通。唯一的办法就是我先与客户讨论具体的装修事宜，不给其他设计师留机会。

"大哥大嫂，户型我们已经提前量了，我们一起来谈一谈咱们房子的具体装修方案吧。我先结合自己的装修经验，谈一谈像您这样的户型，一般都是怎么装修的，好吗？"（要想引出客户自己真实的想法，就必须先主动出击，抛砖引玉）

"好啊，你看我们这房子应该怎么装修？"

"好，我叫小王，刚才已经给过您一张名片，还不知道大哥您和嫂子贵姓？"

"免贵姓刘，你嫂子姓韩。"

"好，刘哥、韩姐，我们在做设计的时候，主要考虑三个方面的问题：一是我们家庭居住各项功能的满足和实现；二是针对我们每个家庭的户型空间特征，将这些功能最完美地设计完成，并使空间更合理、更美观；第三个我们考虑的问题是工程造价，即如何用最经济的投入，来实现家庭装修的需求。您看，这是我们的'家装设计指标书'。"小王拿出两份"家装设计指标书"，一份递给刘哥，一份自己拿在手中；同时，又递给客户一支铅笔。

"刘哥、韩姐，为了更好地沟通家装设计问题，避免有一些问题遗漏，我们做了这份'家装设计指标书'。我们只要根据设计指标，一项一项地去讨论，就不会出现任何问题。我们公司力求把家装做到完美，不像一些中小型公司，在设计时很粗放，很多问题都是等到装修时才发现，那就晚了。"

这时，其他公司的设计师都已经量完房子了，但大家一看小王正在与客户进行沟通，便不好意思过去打断，只好跟在他们的后面，希望等小王沟通完了，再去与客户进行沟通。小王正是要达到这种效果，就是尽量不给其他人接触客户的机会，所以他就引导着客户，一项一项地进行讨论。这个过程对其他公司的设计师来说，是一场漫长的等待。但竞争正是如此，给别人机会就等于不给自己机会！

"刘哥，我们先看空间这一项。我们把家庭空间分成两大部分，一部分是公共空间，一部分是私密空间。像玄关、过道、客厅、餐厅、厨房、卫生间、阳台等都属于公共空间，就是您一家人经常使用的公共部分。我们把卧室、书房称为私密空间，就是只属于某一个人。公共空间讲究开放性，私密空间讲究隐私性。所以在设计时，我们应当将公共空间设计得风格统一，而私密空间则可以根据个人的喜好，设计成自己喜欢的风格。"

"对对对。"业主连连点头。

"整体的装修风格，你们比较喜欢哪一种？"

"都有哪些风格？"

"来，你们看，用红木色或黑胡桃色作为饰面木材，配以白色墙面，就可营造出现代中式风格，比较简约。以其他饰面材料配以比较鲜明的色彩，可构成现代风格。目前市场上比较流行的，就是这两种。另外还有欧式风格、田园风格等。"

"我们还是比较喜欢现代中式风格的。"

"对，我个人也比较喜欢这种风格，既保留了中国传统的东西，又加入了现代时尚元素。"

……

"这样吧，小王，我们先上你公司去看看吧，看看你们推出的套餐什么的。"

"好哇!"(正中小王的下怀。)

"小王你怎么过来的,我们开车带你回去吧!"

"谢谢! 我先给我同事打个电话。"

回到公司,小王领着客户参观了公司。客户对公司各方面的优秀表现都很满意。为了促成客户签单,小王拿出一份装饰设计订单,"来,刘哥,这是我们公司的设计订单。您和韩姐看一下,如果觉得满意的话,我就可以为您单独做设计方案了。"

客户看了一下设计订单,夫妇俩商量了一会,对设计订金这一项比较犹豫。小王看在眼里,心想如果不让他们交上订金,未来有某种变化还不得而知,必须下大力气让他们先交上设计订金。

"韩姐,我先向你们介绍一下我们公司的服务流程:我们是提前量房,现在我们已经将今年所有可能交房甚至还没竣工的小区户型都量完了,所以我们有室内户型集锦。量房以后,我们就集中公司所有设计师,对每种户型进行重点分析和解读。每一位来访的客户,对我们公司各方面进行比较了解后,交纳一部分订金,我们就开始专人专一服务,也就是做进一步的设计和预算。这个设计订金是作为工程款的一部分,在您与我们签订施工合同时,纳入第一批工程款,所以您根本不用担心这个款项。一般我们做设计和预算的时间为三天。三天以后,您就可以过来看我们的设计方案,我们再进行探讨,对其中某些您还不太满意的地方进行调整。"

"需要交多少设计订金呢?"

"不多,是 2000 元。"

"我们今天没带这么多钱,上午刚在物业交了 1 万多。要不这样，我们回去看看，然后下午再过来找你。"

"那也行。是这样，如果您对我们公司还有什么顾虑的话，我建议您可以先上其他公司去看一看、比一比。看一下最终谁家最有把握能把您的家装好。我们比较家装公司，既要看综合方面，还要看公司的管理模式和经营能力，因为家装是一个在现场施工的过程，如果公司没有良好的工程管理能力，那再好的承诺也都是无法兑现的，所以工地管理、工程管理，或者进一步说，公司管理是把您家装好的前提，对不对？

"另一方面，公司能否持续地经营下去，也是一个您要考虑的重要因素。不能只看承诺保修两年或保修三年，还要看一家公司能不能持续经营两年或三年，它的持续经营有什么保证，也就是公司有什么比较有效的竞争策略。只有能持续经营下去的公司，售后服务才有保障。"

"这是我将要为您服务的项目，我们称为'设计师服务承诺书'，这是我们公司工程管理和质量管理手册，您回去看一看。然后也可以到我们的工地去实地考察一下，看一看我们是不是按照工程管理手册来管理工程的。当您觉得我们真的是您最好的装修公司选择时，您和我哥再来订，您看这样好不好？"

"好吧，谢谢你小王。"

"不客气。"

小王将客户送到公司门外，直到客户开了车，小王还站在原地向他们挥手。

他们走后，小王分析刘哥韩姐应该是第一回装修房子，缺乏经验。所以他不能着急，现在他们没了解别家，只了解自己公司，所以他们不放心，那就应该给他们了解别家公司的机会。但是，他们去了解别人的时候，就会无形中与自己公司相比，他们的选择起点就提高了很多。同时，他们也会将设计师和自己进行横向对比。从公司的角度来说，他们也会将各个公司都拿来与自己公司相比，包括公司规模、公司内的作品展示、公司文化等。自己先不急着给他们打电话，等一两天，等他们考察完几家公司了，他们就会主动过来。果然，到了第三天，韩姐打来电话说要把装修事宜交给小王。

经验总结：

小王的前期准备工作做得很充足，例如，对室内户型的研究等，然后抓住时机主动出击，寻找潜在客户，并针对客户提出的问题随机应变，适时带着客户去公司谈单；加上后期持续进行客户跟踪，所以最后促成了签单。

➲ 6.2 苦口婆心打动装修业主

杨先生拿到新房后一直为房子该怎么装修而苦恼，尤其是儿童房。平时生活很讲究的杨先生对装修很是挑剔，他希望自己家的儿童房除了装修品质要好之外，设计也要很独特。

负责接待杨先生的是设计师小张。一来到公司，杨先生就直接跟小张说，他家的儿童房一定要与众不同；自己已经去了近十家装修公司，都很失望，还说不少公司要么根本无设计可言，要么直接拿网上的设计来敷衍自己，根本不是自己想要的"量身定制"。

　　小张听后心想，杨先生这类客户个性外向，常常具有极强的领导性，脾气比较急，可能心里已经有了想法，引导他在交谈中仔细地说出自己的想法，而作为设计师，认真陈述每个环节的家装细节才是这次谈单的关键。

　　于是，他跟杨先生说："冒昧问一下，您孩子今年多大了？"

　　"十三岁。"

　　小张看了看杨先生家的户型图，说："杨先生，我的想法是这样：朝北的房间小一点，而朝南的房间则要大上三四平方米，我想把它作为孩子的房间更合适。第一，孩子越来越大，住小房间会让他感到压抑，而住在大房间则会让他心胸更开阔。而且朝南，阳光好，光线充足，对孩子的成长和学习都会有好处。清晨就能见到阳光，会让孩子早一点醒来，沐浴阳光会让孩子更开朗；傍晚光线还不错，对保护孩子的视力也大有好处。"

　　"对对！"杨先生说，"这个提议不错，我小时候就希望有个大一点的房间。孩子也越来越大，不要让他觉得父母不公平，给他小房间住。"

　　"好，那么我们就从每个房间的功能需求出发，这个房间给孩子住，所以这个房间既是他睡觉的地方，又是他学习的地方，还可能是他放松的地方，是他接待好朋友的地方。所以，这个房间要满足孩子居住、休息、学习、交友等多项功能。"

　　"杨先生，您家是男孩还是女孩？"

　　"是女孩。"

　　"她的性格您了解吗？"

　　"应该是很外向的吧，很开朗。"

"那这样，这个房间我建议这样设计：天花板咱们走一圈简易石膏叠级线条，墙面饰以浅黄色涂料，整个房间显得很温暖。由于孩子即将进入初中和高中，学习比较紧张，所以墙面上可以装饰一些比较轻松的油画或漫画。"

"女孩子渐渐长大，她的私密性需求就越来越大，因此，我们应该给她设计一个自己的专用衣物柜。我们可以将衣柜与学习桌组合起来，我们公司内就有这样几套很好的学习衣物组合套柜，很漂亮，一会儿我可以带你去参观。那套组合柜还适合孩子接待好朋友，因为它有一排矮柜，可以当学习桌，也可以和好朋友一起玩。"

"对对对，你的方案还挺科学，一会儿你带我看看那几套组合柜。"

"好的，除此之外，您女儿平时还有什么兴趣爱好吗？"

"嗯，我之前带她去过几次植物园，回来后她居然自己想种些花花草草，你看你在设计中能满足在家里就能种植的需求吗？"

"好的。这样的话，我建议在南阳台养几盆花草，可以由孩子自己来选择花卉种类，让她自己动手去养植花草，既锻炼动手能力，又可以使体力劳动与脑力劳动相互结合，在紧张的学习之余放松一下心情。室内的光线采用自然光与电灯光相结合的方式，白天直接采用自然光，既节能又保护视力；室内主灯采用方形吸顶灯，白炽光源，没有五颜六色的灯光干扰，更易于集中精力学习；书桌上方装置壁灯，作为晚间学习之用。"

"由于书桌靠近阳台，因此打开窗户就能呼吸到新鲜空气，窗户与卧室门和书桌接近一条直线，通风透气效果良好，既能保证孩子健康成长，同时新鲜空气又有利于清脑提神、集中注意力。推开窗户就可看到小区内的花园景致，学习之余，可以凭窗观赏景色，既能陶冶性情，又不至于寂寞。同时，与对面楼相距较远，可有效防止噪声干扰。"

"嗯，你的这个想法很不错，那你帮我看看其他地方应该怎么装修呢？"

小张觉得杨先生有签单的意向，于是他趁热打铁地说："好的，我们先从玄关看起吧。玄关处于家庭中的重要位置，它是我们进入家庭的第一位置，也是我们走出家门的最后位置；从功能学上讲，它要有非常好的储物性能，这里要放置一家人的鞋，进屋时如果有大量的物品，也需要在此暂时放置，或我们拎着东西出门时也要将东西暂时放置在这里。"

"同时，作为进家的第一步，它的装修要能体现出家庭的整体效果，不能太拥挤，否则一进家门就会让人感到很压抑。所以，这块处理需要很大的艺术性，既要满足我们储物放物的功能需求，还要求宽松和美观。但我们装修时，往往受到客观环境的限制，即受房屋本身户型结构的限制：有的户型将玄关设计得很小，有的户型几乎没有玄关，这样要满足储物和临时放置物品的功能就比较困难。

"但看您家的户型，应该说是比较完美的，玄关的位置足够大，从墙面到门框有 60 厘米，宽度也有 150 厘米，可以说是属于大气型。"

"嗯，我老婆想在这个地方做一个鞋衣柜。"

"可以，一会儿我给您出一套具体的方案。不过，您家的玄关有几个地方需要通过设计来调整，例如，进门的开关位置，原来的位置不太合理，咱们进门后的第一件事就是开灯，而现在的开关离门口太远，所以要把它挪过来。

"第二个就是空气开关的位置，在这个部位我们要采用暗包的方式，将空气开关给隐藏起来，可以做一块活的挂衣板或在前面安装一块穿衣镜。

"第三个问题是上面的过梁太明显，因此建议在玄关部位的天花板上吊下一块平顶，以降低过梁的深度，形成从玄关到过道到客厅层层加高的感觉。"

"嗯嗯，很好很好。"

小张看到杨先生对自己的设计还算满意，就说："那您是否现在就签合同让我们公司帮您装修？"

杨先生果然二话没说就签字了。

经验总结：

小张在与杨先生谈单时，对杨先生这类客户进行了恰到好处的分析，通过深度沟通了解杨先生的兴趣爱好、生活习惯等，并给出了多个角度的装修细节。杨先生自然也会感觉自己找到了"知己"，当即便定下新房的装修事宜。

6.3 艰难曲折签成快捷酒店

公司今天来了一位想装修快捷酒店的顾客，接待他的是设计师小赵。小赵很快便得知张先生是一家快捷酒店的合伙人。酒店地处较繁华的商业街附近，共 4 层，40 间房，打算花费约 50 万元来装修。

了解了基本情况后，小赵说："快捷酒店的装修不同于一般酒店的装修，从快捷酒店的名字中可以看出，快捷酒店的装修设计需要控制成本，但又不能以廉价酒店的标准来做。"因此，小赵给的酒店装修定位是经济型酒店，多为旅游出差者预备，其价格低廉、服务方便快捷、功能简化。特点可以说是快来快去，总体节奏较快，可以实现住宿者和商家之间的互利。

听了小赵的意见，张先生说他和合伙人事先想好的是把快捷酒店装修成商务型酒店或者更加个性化的公寓式酒店，他们觉得 50 万元已经足够了。

小赵连忙解释说："商务型酒店主要以接待从事商务活动的客人为主，是为商务活动服务的。这类客人对酒店的地理位置要求较高，要求酒店靠近城区或商业中心区。您的酒店地理位置相对来说还算不错，但是距离商业中心区还是有一定距离的，因此我不建议您装修成商务型酒店，而且商务型酒店的装修费用也较高。至于公寓式的个性化酒店，配套设施不仅要有独立的卧室、客厅、卫浴间、衣帽间等，还要有厨房，针对的是某些特殊的消费群体，也不太适合您的酒店定位。

张先生一听，觉得小赵说的有道理，就问："那你觉得如果装修成经济型酒店应该如何设计呢？"

小赵说："我看您酒店的户型图，房型基本适中，我觉得设计这一块的话可以减轻点比例，主要把钱用在装修和购买房间配套设施和一些软装上，快捷酒店是为了方便、经济，一般不用豪华的装修。为了节省成本，装修应该以实用为主。"

张先生一脸怀疑的态度，说："嗯，少量设计的话会不会影响整体装修效果呢?"

小赵说:"因为酒店的 40 个房间都是带洗浴的标准间,而且已经盖好了,户型方面不需要有什么大的改动。以标准间的方式装修的话,良好的配套设施和精致的软装同样可以达到精美的设计效果,既经济又实惠。购买宾馆设施,如床、床上用品、饮水机、电视、热水器、电脑、桌椅、厕所卫浴等,每间房大约需要 6500 元,我觉得您的一个房间最好配置两张床,尽量能省则省。"

张先生觉得小赵说的在理,说:"那安装空调设备呢?"

小赵说:"根据您预估的装修费用,四层楼的话我不建议安装中央空调,购买中央空调及其管道铺设需近 40 万元,这样支出就大大增加了。建议你购买挂式空调,40 间房十几万元就搞定了。并且最好设立一间配电房,可以控制整个宾馆的用电。"

张先生思考了一下,说:"你的想法不错,那具体的施工怎么样进行?"

小赵说:"这个您不用担心,我拿一份快捷酒店施工进度表给您看,您可以边看边听我介绍。"说着,小赵把进度表递给了张先生。

张先生大致浏览了一下,说:"你再给我简单讲讲吧。"

"好的,像您酒店这类装修一般需要 7 个程序,分别为土建工程、消防工程、水电工程、吊顶工程、贴砖工程、乳胶漆工程和成品安装。"

土建工程主要是进行放线设计,将卫生间的门洞位置空留出来,用混凝土浇筑止水带;凝固后进行轻砌块砌墙,砌完以后进行地面找平工作。然后，消防施工单位根据现场放线绘制图样并报审；审报通过后，就可以开始正式的施工流程了。

"水电工进场，先做好临时的水、电；电工根据先客房、再走道、后机房的原则安排电线。其中包括网络线、电话线、电视线、Wi-Fi网线、背景音乐线、监控线等弱电线的安装。水工也开始进行水管的布局与安装。待水电工程完成后，木工进场，安装灯槽与窗帘盒等。经顶面进行吊顶。考虑到后期维修方便，现在一般都用铝扣板吊顶。然后，瓦工将浸水泡透的墙地砖进行铺贴，遵循先贴墙砖、后铺地砖的顺序。吊顶完成后，根据需要安装石膏线，油漆工开始进入装修现场。

"最后，就是一些成品的安装，包括店招安装、热水系统安装、地板安装、电器安装、门和家具安装、洁具安装、地毯安装等。这样几个流程下来，基本上整个装修工程也就完成了。只需做好清洁就能投入使用了。"

听了小赵的仔细讲解之后，张先生特别满意。因此，他愉快地决定和小赵签单。

经验总结：

　　小赵的成功在于他的细心，他在为客户节省了花销的同时，也耐心地回答和讲解了客户提出的问题，让客户明白了整个酒店的装修过程，在真正意义上解决了客户想要知道的装修细节知识。

　　做装修设计工作，要先有业务，才能有之后的设计相关工作，这就关系到装修设计的谈单技巧了，它直接关系到业务能否正常进行。在与客户洽谈设计时，方法技巧不当的话，很可能就会导致这一笔业务的流失。在谈单时，除了讲解与设计方案相关的内容之外，还有一些事项也需要注意，客户在和设计师洽谈的时候，时间不一定充足，这时候就需要想想怎么在短时间里打动客户。如果时间相对较充足的话，就可以和客户谈谈生活习惯、家具、装修材料、风格等，这样可以更好地了解客户的心理，也可以较好地做出客户满意的方案，很大程度上也会帮助设计师成功拿下业务。在洽谈时，可以先记下客户的想法，再通过综合考虑，快速地勾画出一幅设计草图来，这也可以帮助客户快速了解设计上的一些大致想法。在谈单时，尽量展示出自己优秀的设计能力，给客户留下好印象，这也是促成签单的一个方面。

　　总之，谈单技巧在装修设计中是很重要的，它就是设计师把自己的设计想法推销出去的一个流程，好好运用谈单技巧是设计师必须要掌握的工作技能。会接单，才能成为更好的设计师！

参考文献

[1] 奥格雷迪.设计，该怎么卖？[M].张昭，译.武汉：华中科技大学出版社，2015.

[2] 何斌，陈锦昌，陈炽坤.建筑制图[M].北京：高等教育出版社，2005.

[3] 张书鸿.怎样看懂室内装饰施工图[M].北京:北京机械工业出版社，2005.

[4] 贾森.家装快速签单与手绘实例 提高篇[M].北京:中国建筑工业出版社，2015.

[5] 刘文军，付瑶.住宅建筑设计[M].北京：中国建筑工业出版社，2007.

[6] 潘吾华.室内陈设艺术设计[M].北京:中国建筑工业出版社，2006.

[7] 高祥生.室内陈设设计[M].南京:江苏科学技术出版社，2004.

[8] 龚建培.装饰织物与室内环境设计[M].南京:东南大学出版社，2006.

[9] 林有田.魔鬼销售的21个签单绝招[M].广州：广东旅游出版社，2014.

[10] 沈毅.设计师谈家居色彩搭配[M].北京：清华大学出版社，2013.

[11] 陈姣.看故事，掌握签单技巧[M]北京:人民邮电出版社，2010.

[12] 陈祖建.室内装饰工程预算[M].北京：北京大学出版社，2008.